数林外传 系列

跟大学名师学中学数学

集合及其子集

◎单 墫 著

中国科学技术大学出版社

内 容 简 介

集合论是数学的基础，它的基本概念已渗透到数学的所有领域．本书介绍了集合论的重要知识，以及近 30 年来有限集及其子集族等相关知识的研究进展以及重要结果，内容包括集合、映射、有限集的子集、各种子集族、无限集．本书适合中学生阅读．

图书在版编目(CIP)数据

集合及其子集/单墫著．—合肥：中国科学技术大学出版社，2021．11

（数林外传系列：跟大学名师学中学数学）

ISBN 978-7-312-05293-4

Ⅰ．集…　Ⅱ．单…　Ⅲ．集合—青少年读物　Ⅳ．O144-49

中国版本图书馆 CIP 数据核字(2021)第 200197 号

集合及其子集

JIHE JI QI ZIJI

出版　中国科学技术大学出版社
安徽省合肥市金寨路 96 号，230026
http://press.ustc.edu.cn
https://zgkxjsdxcbs.tmall.com

印刷　安徽省瑞隆印务有限公司

发行　中国科学技术大学出版社

经销　全国新华书店

开本　880 mm×1230 mm　1/32

印张　6.375

字数　168 千

版次　2021 年 11 月第 1 版

印次　2021 年 11 月第 1 次印刷

定价　30.00 元

前　言

集合论,是数学的基础.

数学大师 Cantor,建立了基数、序型等重要概念,将研究从有限集推进到无限集,创立了集合论这一数学分支.

近 30 年来,随着组合数学的蓬勃发展,关于有限集及其子集族,又有很多的研究,得出很多重要而且优美的结果.

这是一本专门介绍集合论的通俗读物,希望它的出现能起抛砖引玉的作用.

感谢中国科学技术大学出版社的鼓励与支持,这本小书才得以问世.

单　墫

目　　录

第1章　集　　合

1.1　集合

具有某种性质的事物，它们的全体称为一个**集合**. 这些事物称为这个集合的**元素**.

集合简称为**集**. 元素简称为**元**.

例如，某一学校的学生组成一个集合，某国的官员组成一个集合，地球上的老鼠组成一个集合等.

正整数(自然数)组成一个集合，通常记为 $\mathbf{N}$.

整数组成一个集合，通常记为 $\mathbf{Z}$.

有理数组成一个集合，通常记为 $\mathbf{Q}$.

实数组成一个集合，通常记为 $\mathbf{R}$.

复数组成一个集合，通常记为 $\mathbf{C}$.

平面上的点组成一个集合，通常称为平面点集.

集合 A 中的元素，如果有无限多个，那么集合 A 称为无限集；如果 A 中的元素仅有有限多个，那么集合 A 称为有限集.

用 $|A|$ 表示集合 A 的元数(即元素的个数). 对于无限集，$|A|=\infty$(无穷大).

不含任何元素的集合，称为**空集**. 通常记为 $\varnothing$. 显然，$|A|=0$ 是 $A=\varnothing$ 的充分必要条件.

1.2　从属关系

如果事物 a 是集合 A 的元素，那么就说“a 属于 A”或“a 在 A 中”，并记为

$$a \in A.$$

如果 a 不是 A 的元素，那么就说“a 不属于 A”，并记为

$$a \notin A(\text{也有些书上写成 } a \,\overline{\in}\, A).$$

在 A 为有限集时，我们常常将 A 的元素全部列举出来，例如

$$A = \{1,2,3\},$$

表示 A 是三元集（三个元素的集合），它的元素是 1，2，3（即 $1\in A$，$2\in A$，$3\in A$）. 又如

$$B = \{a,b,c,d\},$$

表示 B 是四元集，它的元素是 a,b,c,d.

在上述记号中，花括号内写出的元素应当互不相同，即每个元素恰出现一次. 至于元素出现的顺序，不必考虑，我们认为

$$\{1,2,3\},\{1,3,2\},\{2,1,3\},$$
$$\{2,3,1\},\{3,1,2\},\{3,2,1\}$$

都是同一个集.

仅含一个元素的集称为单元素集，例如

$$A = \{5\}.$$

对于元数较多的集合或者无穷集，常常采用下面的记号表示. 例如

$$A = \{a \mid a \text{ 为正偶数}\},$$

表示 A 是正偶数组成的集. 又如

$$B = \{(x,y) \mid x,y \text{ 均为整数}\},$$

表示 B 是平面上整点（格点）的集合.

在上述记法中，括号里写一个代表元素，在竖线后面写明它所具有的性质.

在同时讨论几个集合时，从属关系表 1.2.1 是很有用的：表的 m 行（最上面一行除外）表示 m 个集合 $A_1,A_2,\cdots,A_m$；表的 n 列（最左边一列除外）表示 n 个元素 $a_1,a_2,\cdots,a_n$.

表 1.2.1

集合	元素					
	a_1	a_2	a_3	$\cdots$	a_{n-1}	a_n
A_1	1	0	1	$\cdots$	1	0
A_2	1	1	0	$\cdots$	1	1
$\vdots$	$\vdots$	$\vdots$	$\vdots$	$\vdots$	$\vdots$	$\vdots$
A_m	1	1	1	$\cdots$	1	0

若 $a_i \in A_j (1 \leqslant i \leqslant n, 1 \leqslant j \leqslant m)$，则在 a_i 所在列与 A_j 所在行的交叉处写上 1. 若 $a_i \notin A_j$，则写上 0. 例如在表 1.2.1 中，

$$a_1 \in A_1, \quad a_1 \in A_2, \quad \cdots, \quad a_1 \in A_m,$$

$$a_2 \notin A_1, \quad a_2 \in A_2, \quad a_3 \notin A_2, \quad \cdots, \quad a_n \notin A_1.$$

还可看出

$$A_1 = \{a_1, a_3, \cdots, a_{n-1}\},$$

$$A_2 = \{a_1, a_2, \cdots, a_{n-1}, a_n\},$$

……

$$A_n = \{a_1, a_2, a_3, \cdots, a_{n-1}\}.$$

当然，也可以用行表示元素，列表示集合，这没有实质性的不同.

1.3　包含

如果集合 A 的元素都在集合 B 中，那么 A 称为 B 的**子集**，并记为

$$A \subseteq B (或 B \supseteq A),$$

读作 B 包含 A 或 A 包含于 B 中.

显然有 $A \subseteq A$，即每个集合都是它自身的子集.

如果 $A \subseteq B$，并且 B 中至少有一个元素不属于 A，那么称 A 为 B 的**真子集**，并记为

$$A \subset B(\text{或 } B \supset A)$$

(也有些书上用 $A \subset B$ 表示 A 是 B 的子集,而用 $A \subsetneqq B$ 表示 A 是 B 的真子集),读作 B 真包含 A 或 A 真包含于 B 中. 例如

$$\mathbf{N} \subset \mathbf{Z} \subset \mathbf{Q} \subset \mathbf{R} \subset \mathbf{C},$$

即自然数集是整数集的真子集,整数集是有理数集的真子集,有理数集是实数集的真子集,实数集是复数集的真子集.

如果 $A \subseteq B$ 并且 $B \subseteq A$,那么 A 的元素都是 B 的元素,B 的元素也都是 A 的元素. 因此,A,B 是同一个集合,即 $A=B$.

约定空集($\varnothing$)为每一个集合的子集.

并不是任意两个集合之间都有包含关系. 例如

$$A = \{1,2\}, \quad B = \{4,5,6\},$$

则 A 不是 B 的子集,B 也不是 A 的子集.

显然,当 $A \subseteq B$,$B \subseteq C$ 时,$A \subseteq C$,即 $\subseteq$ 关系具有传递性.

综上所述,$\subseteq$ 关系具有:

(ⅰ) 反身性,即 $A \subseteq A$;

(ⅱ) 传递性,即 $A \subseteq B$,$B \subseteq C$,可推出 $A \subseteq C$;

(ⅲ) $A \subseteq B$,$B \subseteq A$,可推出 $A=B$.

我们称这样的关系为**半序关系**(或**偏序关系**).

1.4 并与交

给定两个集合 A,B. 称集合

$$C = \{c \mid c \text{ 属于 } A \text{ 或 } B\}$$

为 A,B 的**并集**(简称为**并**),记为 $A \cup B$. 例如,

(ⅰ) 若 $A=\{1,2,3,4\}$,$B=\{1,4,5,6\}$,则

$$A \cup B = \{1,2,3,4,5,6\}.$$

(ⅱ) 若 A 是猫的集合,B 是黑猫的集合,则 $A \cup B=A$(因为黑猫是猫). 一般地,若

$$A \supseteq B,$$

则

$$A \cup B = A.$$

反之亦真.

（ⅲ）若 A 是正实数的集合，B 是负实数的集合，则 $A \cup B$ 是非零实数的集合.

显然 $A \cup B \supseteq A$，$A \cup B \supseteq B$，并且

$$A \cup B = B \cup A.$$

类似地，可以定义多个集合 $A_1, A_2, \cdots, A_n$ 的并集：

$$\bigcup_{i=1}^{n} A_i = A_1 \cup A_2 \cup \cdots \cup A_n$$
$$= \{a \mid a \text{ 至少属于一个 } A_i, 1 \leqslant i \leqslant n\}.$$

例如，对（ⅲ）中的 A, B，有

$$A \cup B \cup \{0\} = \mathbf{R}.$$

对于给定的两个集合 A, B，称集合

$$C = \{c \mid c \text{ 同时属于 } A, B\}$$

为 A, B 的**交集**（简称为**交**），记为 $A \cap B$. 例如，

（ⅰ）若 $A = \{1,2,3,4\}$，$B = \{1,4,5,6\}$，则

$$A \cap B = \{1,4\}.$$

（ⅱ）若 A 是猫的集合，B 是白猫的集合，则 $A \cap B = B$. 一般地，若

$$A \supseteq B,$$

则

$$A \cap B = B.$$

反之亦真.

（ⅲ）若 A 是正实数的集合，B 是负实数的集合，则 $A \cap B = \varnothing$.

显然 $A \cap B \subseteq A$，$A \cap B \subseteq B$，并且

$$A \cap B = B \cap A.$$

交集符号可以省去，例如 $A\cap B$ 常写成 AB.

类似地，可以定义多个集合 $A_1,A_2,\cdots,A_n$ 的交集：

$$\bigcap_{i=1}^{n} A_i = A_1 \cap A_2 \cap \cdots \cap A_n$$
$$= \{a \mid a \text{ 属于每一个 } A_i, 1 \leqslant i \leqslant n\}.$$

显然 $A\cup\varnothing=A, A\cap\varnothing=\varnothing, A\cup A=A\cap A=A$.

1.5 差与补

给定两个集合 A,B. 称集合

$$C = \{c \mid c \in A \text{ 并且 } c \notin B\}$$

为 A **减** B，记为 $A-B$. 例如，

（ⅰ）若 $A=\{1,2,3,4\}, B=\{1,4,5,6\}$，则

$$A - B = \{2,3\}.$$

（ⅱ）若 A 是猫的集合，B 是黑猫的集合，则 $A-B$ 为不是黑色的猫的集合.

（ⅲ）若 A 是正实数的集合，B 是负实数的集合，则 $A-B=A$.

注意差不具有对称性，即一般说来 $A-B$ 与 $B-A$ 是不相同的. 例如，上面的三个例子，在（ⅰ）中，$B-A=\{5,6\}$. 在（ⅱ）中，$B-A=\varnothing$. 在（ⅲ）中，$B-A=B$.

为了方便，常将一个集合作为**全集合**，它由一切事物（或我们所考虑的一切事物）组成. 例如，考虑平面上的点集时，可以将平面点集（即平面上所有点组成的点集）作为全集. 考虑实数时，可将 **R** 作为全集，而考虑复数时，应将 **C** 作为全集.

全集通常用 I 表示.

对任一集 A，称 $I-A$ 为 A 的**补集**，并用 A' 表示. 显然

$$A \cap A' = \varnothing, \quad A \cup A' = I.$$

A' 由不属于 A 的元素组成，因此

$$(A')' = A,$$

即补集的补集是原集. 所以 A 与 A' 互为补集. 显然 $\varnothing' = I$, $I' = \varnothing$.

由定义知, $A-B=A\cap B'$.

1.6 Venn 图

利用圆(这里指圆盘)来表示集合的 Venn 图,是帮助理解集合之间关系的直观工具.

例如,图 1.6.1 中,两个圆分别表示集合 A 与 B,阴影部分表示 $A\cup B$. 图 1.6.2 中的阴影部分表示 $A\cap B$. 图 1.6.3 和图 1.6.4 中的阴影部分分别表示 $A-B$ 与 $B-A$. 图 1.6.5 表示 $A\subseteq B$. 在图 1.6.6 中,大圆表示全集 I,阴影部分是 A 的补集 A'.

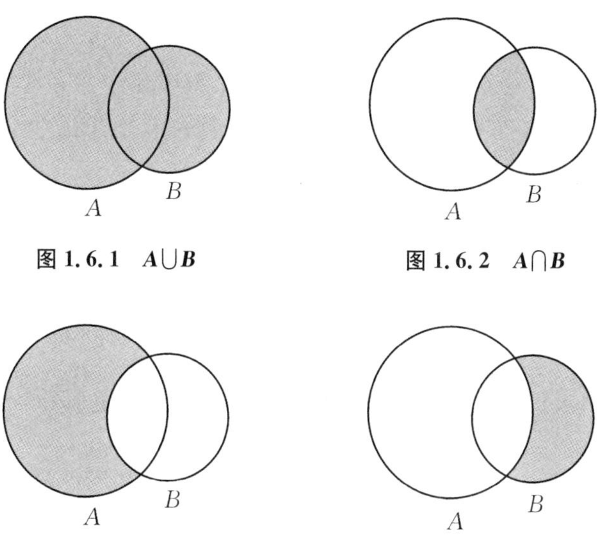

图 1.6.1 $\boldsymbol{A\cup B}$

图 1.6.2 $\boldsymbol{A\cap B}$

图 1.6.3 $\boldsymbol{A-B}$

图 1.6.4 $\boldsymbol{B-A}$

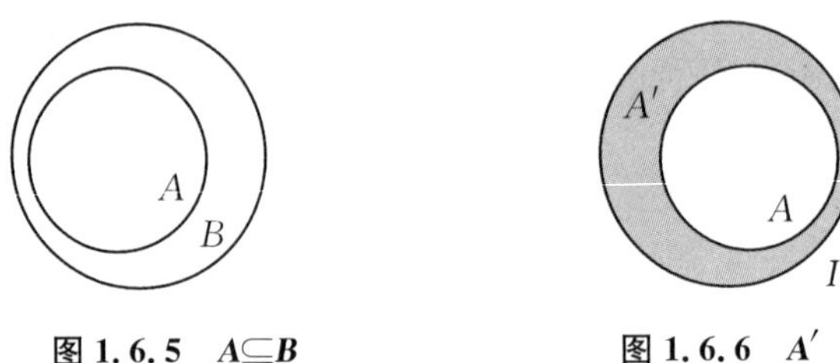

图 1.6.5 $A\subseteq B$　　图 1.6.6 A'

将圆改为矩形也无不可，这并不影响问题的实质(谁包含谁).

1.7 有关集合的等式(Ⅰ)

本节讨论一些有关集合的等式.

例 1 (De Morgan 公式)对任意两个集 A,B,均有

$$(A\cup B)'=A'\cap B', \tag{1}$$

$$(A\cap B)'=A'\cup B'. \tag{2}$$

解 首先证明(1)式,$A\cup B$ 是在 A 或在 B 中的元素组成的集,因此,$(A\cup B)'$由不在 A 也不在 B 中的元素组成.这也就是 $A'\cap B'$.

如果考虑 Venn 图,那么$(A\cup B)'$与 $A'\cap B'$都是图 1.7.1 中的阴影部分(为方便起见,全集 I 用一矩形表示).

同样可证(2)式.图 1.7.2 中的阴影部分表示(2)式的左边,也表示(2)式的右边.

例 2 (并与交的结合律)对任意集合 A,B,C 均有

$$A\cup(B\cup C)=(A\cup B)\cup C, \tag{3}$$

$$A\cap(B\cap C)=(A\cap B)\cap C. \tag{4}$$

解 只需注意(3)式两边均表示至少属于 A,B,C 之一的那些元素组成的集合.(4)式两边均表示同时属于 A,B,C 的那些元素组成的集合.

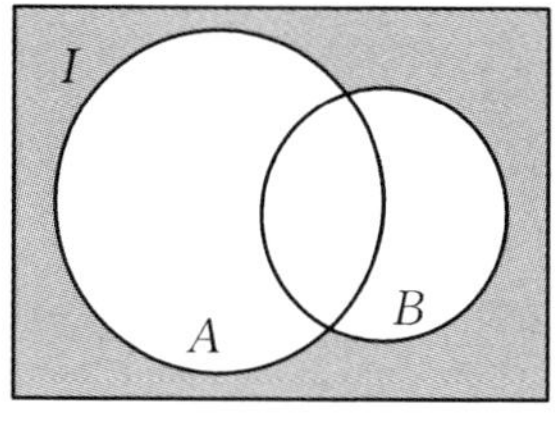

图 1.7.1　$A\cup B$

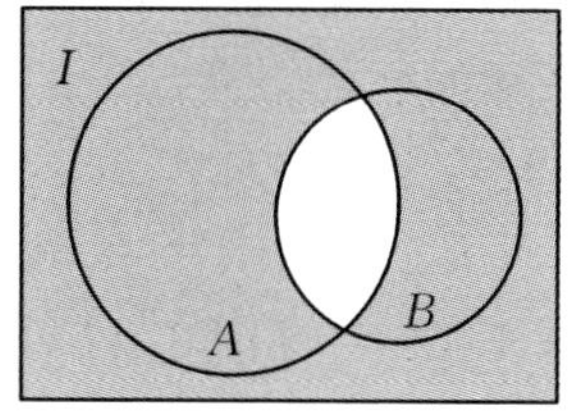

图 1.7.2　$A\cap B$

(3)式和(4)式也不难用 Venn 图证明.

于是，证明有关集合的等式，已经有两种方法：

(ⅰ) 考虑等式两边(或其他有关式子)的意义；

(ⅱ) 利用 Venn 图.

例 3 (并与交的分配律)对于任意集合 A,B,C 均有

$$A\cup(B\cap C)=(A\cup B)\cap(A\cup C),\tag{5}$$

$$A\cap(B\cup C)=(A\cap B)\cup(A\cap C).\tag{6}$$

解 仍可用前面说的两种方法证明，但这里介绍第三种方法，即

(ⅲ) 考虑两边的元素，证明左边的元素必属于右边，右边的元素也必属于左边.

设 $x\in A\cup(B\cap C)$，则 $x\in A$ 或 $x\in B\cap C$. 当 $x\in A$ 时，$x\in A\cup B$，$x\in A\cup C$，所以 $x\in(A\cup B)\cap(A\cup C)$. 当 $x\in B\cap C$ 时，$x\in B$ 并且 $x\in C$，所以 $x\in A\cup B$，$x\in A\cup C$. 从而仍有 $x\in(A\cup B)\cap(A\cup C)$.

反之，设 $x\in(A\cup B)\cap(A\cup C)$，则 $x\in A\cup B$ 且 $x\in A\cup C$. 若 $x\in A$，则 $A\in A\cup(B\cap C)$. 若 $x\notin A$，则由 $x\in A\cup B$ 且 $x\in A\cup C$ 得 $x\in B$ 且 $x\in C$，即 $x\in B\cap C$. 从而仍有 $x\in A\cup(B\cap C)$.

于是(5)式成立.

类似地，可以证明(6)式. 但也可以由(5)式得

$$A'\cup(B'\cap C')=(A'\cup B')\cap(A'\cup C')\tag{5'}$$

(将(5)式中 A,B,C 用 A',B',C' 代替). 然后再两边取补. 根据 De Morgan 公式,有

$$\begin{aligned}(A'\cup(B'\cap C'))' &= (A')'\cap(B'\cap C')'\\ &= A\cap(B\cup C),\end{aligned}$$

$$\begin{aligned}((A'\cup B')\cap(A'\cup C'))' &= (A'\cup B')'\cup(A'\cup C')'\\ &= (A\cap B)\cup(A\cap C).\end{aligned}$$

因此,(6)式成立.

这就是证明有关集合的等式时,常用的第四个方法,即

(ⅳ) 利用已知的有关集合的等式或公式.

从上述三个例题可以看出并与交是对偶的. 即由一个有关集合的等式,将其中并改为交,交改为并,便可产生另一个有关集合的等式. 例如(1)式与(2)式,(3)式与(4)式,(5)式与(6)式都是互相对偶的等式.

以上的(1)式~(6)式,都可以推广至更多的集合. 例如

$$(A_1\cup A_2\cup\cdots\cup A_n)' = A_1'\cap A_2'\cap\cdots\cap A_n', \tag{7}$$

$$\begin{aligned}A_1\cup A_2\cup\cdots\cup A_n &= A_1\cup(A_2\cup\cdots\cup A_n)\\ &= (A_1\cup A_2\cup\cdots\cup A_{n-1})\cup A_n,\end{aligned} \tag{8}$$

$$\begin{aligned}&A_1\cup(A_2\cap A_3\cap\cdots\cap A_n)\\ &\quad= (A_1\cup A_2)\cap(A_1\cup A_3)\cap\cdots\cap(A_1\cup A_n),\end{aligned} \tag{9}$$

等等.

本节的结论都是常用的,应当牢记.

1.8 对称差

设 A,B 是两个集合,称

$$(A-B)\cup(B-A)$$

为 A,B 的**对称差**,并记为 $A\triangle B$. 它由恰属于 A,B 之一的那些元素组成.

采用 Venn 图,$A\triangle B$ 可用图 1.8.1 中的阴影部分表示.

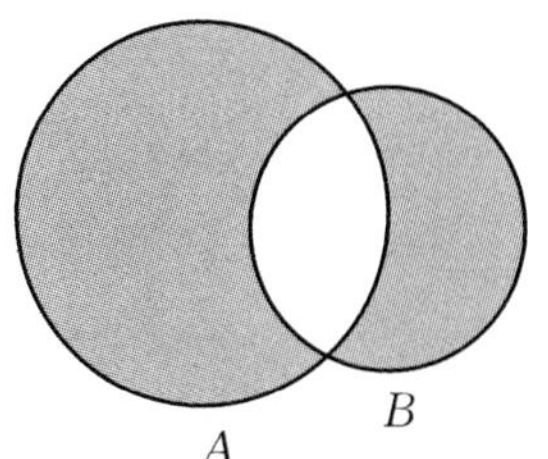

图 1.8.1　$A\triangle B$

根据定义或 Venn 图，当且仅当 $A=B$ 时，$A\triangle B=\varnothing$. 又易知 $A\triangle\varnothing=A$.

显然，对称差是可以交换的(对称性)，即

$$A\triangle B = B\triangle A. \tag{1}$$

例 1　对任意集合 A,B 均有

$$A\triangle B = (A\cup B)-(A\cap B), \tag{2}$$

$$A\triangle B = A'\triangle B'. \tag{3}$$

解　(2)式由图 1.8.1 可立即看出.

$A\triangle B$ 是由恰属于 A,B 之一的那些元素组成的集合. 同样，$A'\triangle B'$ 由恰属于 A',B' 之一的那些元素组成，即由属于 A' 而不属于 B' 的元素，或不属于 A' 而属于 B' 的元素组成. 换句话说，$A'\triangle B'$ 由不属于 A 而属于 B 的元素，或属于 A 而不属于 B 的元素组成，亦即 $A'\triangle B'$ 由恰属于 A,B 之一的元素组成. 所以(3)式成立.

例 2　(结合律)对任意集合 A,B,C 均有

$$(A\triangle B)\triangle C = A\triangle(B\triangle C). \tag{4}$$

解　用 Venn 图. 等式两边均由图 1.8.2 中阴影部分表示(即恰属于 A,B,C 之一或同属于 A,B,C 的元素所成的集合).

例 3　$A_1\triangle A_2\triangle\cdots\triangle A_n=\{x\,|\,x$ 属于 $A_1,A_2,\cdots,A_n$ 中的奇数个$\}$.

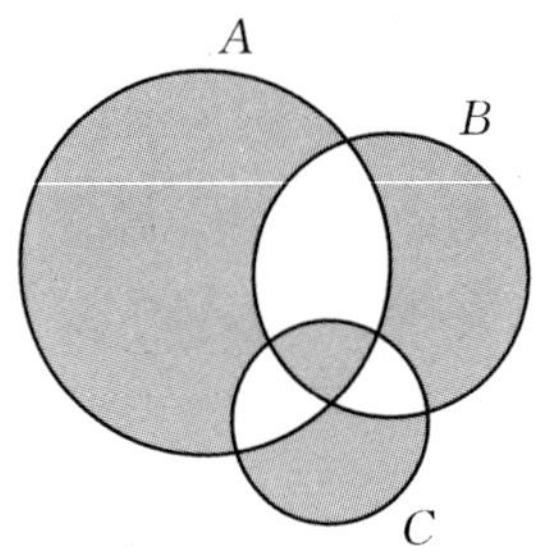

图 1.8.2

解 若 x 属于 $A_1,A_2,\cdots,A_n$ 中奇数个集,由于对称差可以交换,可以结合,所以,不妨设

$$x \in A_1 \cap A_2 \cap \cdots \cap A_{2k+1},$$

而

$$x \notin A_{2k+2} \cup A_{2k+3} \cup \cdots \cup A_n.$$

因为 $x \in A_2 \cap A_3$,所以 $x \notin A_2 \triangle A_3$. 同样

$$x \notin A_4 \triangle A_5,$$

$$\cdots\cdots$$

$$x \notin A_{2k} \triangle A_{2k+1}.$$

于是 $x \notin A_2 \triangle A_3 \triangle A_4 \triangle A_5 \triangle \cdots \triangle A_n$. 而 $x \in A_1$,所以

$$x \in A_1 \triangle A_2 \triangle A_3 \triangle \cdots \triangle A_n.$$

若 x 属于 $A_1,A_2,\cdots,A_n$ 中偶数个集,不妨设

$$x \in A_1 \cap A_2 \cap \cdots \cap A_{2k},$$

而

$$x \notin A_{2k+1} \cup A_{2k+2} \cup \cdots \cup A_n.$$

因为 $x \in A_1 \cap A_2$,所以 $x \notin A_1 \triangle A_2$. 同样

$$x \notin A_3 \triangle A_4,$$

$$\cdots\cdots$$

$$x \notin A_{2k-1} \triangle A_{2k}.$$

从而

$$x \notin A_1 \triangle A_2 \triangle A_3 \triangle A_4 \triangle \cdots \triangle A_{2k-1} \triangle A_{2k} \triangle A_{2k+1} \triangle \cdots \triangle A_n.$$

于是

$$A_1 \triangle A_2 \triangle \cdots \triangle A_n = \{x(x \text{ 属于 } A_1, A_2, \cdots, A_n \text{ 中的奇数个})\}.$$

例 4 A,B,C 是三个集合,证明:

$$(A \triangle B) \triangle (B \triangle C) = A \triangle C. \tag{5}$$

证 由(4)式得

$$\begin{aligned}(A \triangle B) \triangle (B \triangle C) &= A \triangle (B \triangle (B \triangle C)) \\ &= A \triangle ((B \triangle B) \triangle C) \\ &= A \triangle (\varnothing \triangle C) \\ &= A \triangle C.\end{aligned}$$

例 5 A,B,C 是任意集合. 以下等式是否恒成立?

$$C \cap (A \triangle B) = (C \cap A) \triangle (C \cap B), \tag{6}$$

$$C \cup (A \triangle B) = (C \cup A) \triangle (C \cup B). \tag{7}$$

解 设 $x \in C \cap (A \triangle B)$,则 $x \in C$ 且 $x \in A \triangle B$. 由 $x \in A \triangle B$ 得 x 恰属于 A,B 之一. 结合 $x \in C$ 得 x 恰属于 $C \cap A, C \cap B$ 之一. 因而 $x \in (C \cap A) \triangle (C \cap B)$.

反之,若 $x \in (C \cap A) \triangle (C \cap B)$,则 x 恰属于 $C \cap A, C \cap B$ 之一. 因而 $x \in C$ 并且 x 恰属于 A,B 之一,即 $x \in C \cap (A \triangle B)$.

于是(6)式成立. 即 $\cap$ 对 $\triangle$ 的分配律成立.

(6)式也可以用 Venn 图证明(我们有意采取多种证法).

一般说来,(7)式不成立. 例如对于 $C=A$,

$$A \cup (A \triangle B) = A \cup B(\text{请考虑 Venn 图}),$$

而

$$(A \cup A) \triangle (A \cup B) = A \triangle (A \cup B) = B - A.$$

当 A 不是空集时,$A \cup B \neq B - A$.

因此,$\cup$ 对 $\triangle$ 的分配律不成立.

1.9 有关集合的等式(Ⅱ)

本节再讨论一些有关集合的等式. 证明所用的方法已在 1.7 节中说过.

所有英文大写字母均表示集合.

例 1 证明:

$$A\triangle(A\cup B)=B\triangle(A\cap B)=B-(A\cap B), \quad (1)$$

$$A\cup B=A\triangle B\triangle(A\cap B). \quad (2)$$

证 (1)式中 $A\triangle(A\cup B)$, $B\triangle(A\cap B)$, $B-(A\cap B)$ 均为图 1.9.1 的阴影部分. (2)式的两边均为图 1.9.2 的阴影部分.

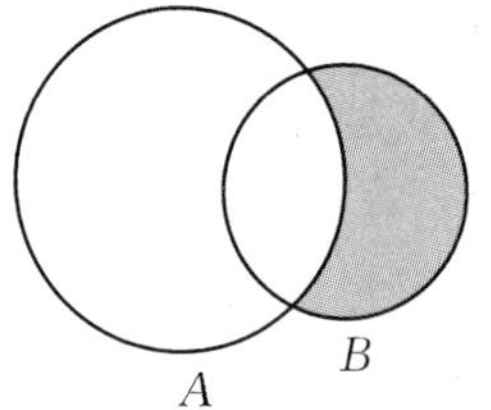

图 1.9.1

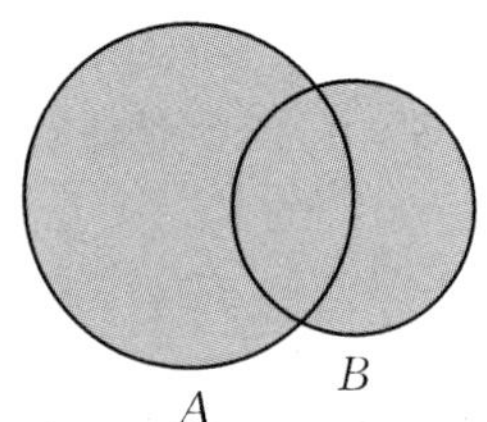

图 1.9.2

特别地,当 $A\cap B=\varnothing$ 时,由(2)式得

$$A\cup B=A\triangle B. \quad (3)$$

例 2 证明以下关系:

$$(A-K)\cup(B-K)=(A\cup B)-K, \quad (4)$$

$$A-(B-C)=(A-B)\cup(A\cap C), \quad (5)$$

$$A-(A-B)=A\cap B, \quad (6)$$

$$(A-B)-C=(A-C)-(B-C), \quad (7)$$

$$A-(B\cap C)=(A-B)\cup(A-C), \quad (8)$$

$$A-(B\cup C)=(A-B)\cap(A-C), \quad (9)$$

$$A-B=(A\cup B)-B=A-(A\cap B). \quad (10)$$

证 利用补集,可将差 $A-B$ 写成 $A\cap B'$. 在证明中采用这

种形式往往更为方便.

$$(A-K)\cup(B-K)=(A\cap K')\cup(B\cap K')$$
$$=(A\cup B)\cap K'=(A\cup B)-K,$$

即(4)式成立.

$$A-(B-C)=A\cap(B\cap C')'=A\cap(B'\cup C)$$
$$=(A\cap B')\cup(A\cap C)=(A-B)\cup(A\cap C),$$

即(5)式成立.

$$\begin{aligned}(A-C)-(B-C)&=(A\cap C')\cap(B\cap C')'\\&=A\cap C'\cap(B'\cup C)\\&=A\cap((C'\cap B')\cup(C'\cap C))\\&=A\cap(C'\cap B')=(A\cap C')\cap B'\\&=(A-C)-B,\end{aligned}$$

即(7)式成立.

$$A-(B\cap C)=A\cap(B\cap C)'=A\cap(B'\cup C')$$
$$=(A\cap B')\cup(A\cap C')=(A-B)\cup(A-C),$$

即(8)式成立.

(9)式的证法与(8)式类似.它与(8)式对偶.

(6)式,(10)式可用上面的证法,也可用 Venn 图.参看图 1.9.3 和图 1.9.4.

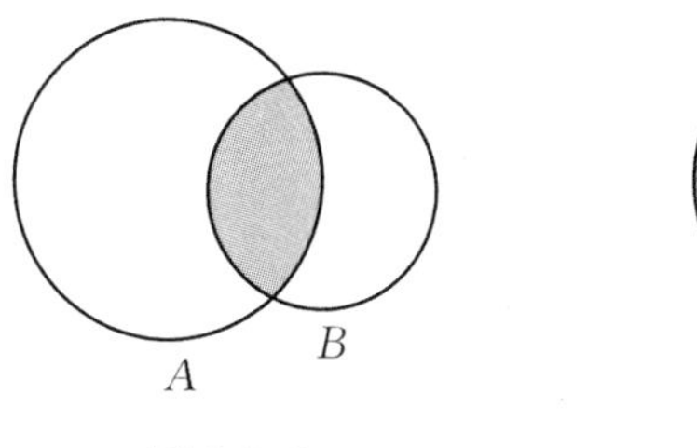

图 1.9.3　　图 1.9.4

例 3 证明:

$$A-D\subseteq(A-B)\cup(B-C)\cup(C-D),\qquad(11)$$

$$A\triangle C\subseteq(A\triangle B)\cup(B\triangle C),\tag{12}$$

$$(A\cup B)\cap(B\cup C)\cap(C\cup A)$$
$$=(A\cap B)\cup(B\cap C)\cup(C\cap A),\tag{13}$$

$$(A-B)\triangle B=A\cup B.\tag{14}$$

证 设 $x\in A-D$,则 $x\in A,x\notin D$. 若 $x\notin B$,则 $x\in A-B$. 若 $x\in B,x\notin C$,则 $x\in B-C$. 若 $x\in C$,则 $x\in C-D$. 总之,$x\in(A-B)\cup(B-C)\cup(C-D)$. 因此,(11)式成立.

若 $x\in A\triangle C$,则 x 恰属于 A,C 之一. 不妨设 $x\in A,x\notin C$. 若 $x\notin B$,则 $x\in A\triangle B$. 若 $x\in B$,则 $x\in B\triangle C$. 总有 $x\in(A\triangle B)\cup(B\triangle C)$. 因此,(12)式成立.

若 x 至少属于 A,B,C 中的两个集,则 x 既属于(13)式左边,也属于(13)式右边. 若 x 至多属于 A,B,C 中的一个集,例如 $x\notin A,B$,则 $x\notin A\cap B,B\cap C,C\cap A$,因此,$x\notin$(13)式的右边;又 $x\notin A\cup B$,因此,$x\notin$(13)式的左边. 故(13)式成立.

显然 $A-B$ 与 B 的交为空集,利用(3)式得

$$(A-B)\triangle B=(A-B)\cup B=A\cup B.$$

即(14)式成立.

证明有关集合的等式(或关系式)需灵活运用各种方法,切忌执一.

例 4 证明下列各对等价关系:

$$A\cup B=\varnothing\Leftrightarrow A=\varnothing\text{ 且 }B=\varnothing,\tag{15}$$

$$A\cup B=A-B\Leftrightarrow B=\varnothing,\tag{16}$$

$$A-B=A\cap B\Leftrightarrow A=\varnothing,\tag{17}$$

$$A\cup B\subseteq C\Leftrightarrow A\subseteq C\text{ 且 }B\subseteq C,\tag{18}$$

$$C\subseteq A\cap B\Leftrightarrow C\subseteq A\text{ 且 }C\subseteq B,\tag{19}$$

$$A-B=B-A\Leftrightarrow A=B,\tag{20}$$

$$A\cap B=A\cup B\Leftrightarrow A=B,\tag{21}$$

$$A\subseteq B\text{ 且 }C\subseteq D\Leftrightarrow(A-B)\cup(C-D)=\varnothing,\tag{22}$$

$$A-B=A \Leftrightarrow B-A=B, \tag{23}$$

$$A \subseteq B \cup C \Leftrightarrow A-B \subseteq C, \tag{24}$$

$$A \subseteq B \subseteq C \Leftrightarrow A \cup B=B \cap C, \tag{25}$$

$$A=B \Leftrightarrow (A-B) \cup (B-A)=\varnothing, \tag{26}$$

$$A-K=B-K \Leftrightarrow (A \triangle B) \subseteq K. \tag{27}$$

证 (15)式～(22)式都是显然的.稍想一想(可结合 Venn 图)就可知道各对关系等价.应当养成这种直观的洞察力,一目了然.如果极简单的问题不能迅速解决,那么复杂的问题就难于措手.这就是学习数学应具备的基本功.

(23)式的两个关系都等价于 $A \cap B=\varnothing$.

对于(24)式,如果 $A \subseteq B \cup C$,那么 A 不被 B"覆盖"的部分一定被 C 覆盖,即 $A-B \subseteq C$.反之亦然.

对于(25)式,如果 $A \subseteq B \subseteq C$,那么 $B \cap C$ 与 $A \cup B$ 都等于 B.反之,如果 $A \cup B=B \cap C$,那么 $B \subseteq A \cup B=B \cap C \subseteq B$,从而 $A \cup B, B \cap C$ 都等于 B,并由此得出 $A \subseteq B, B \subseteq C$.

(26)式的 $(A-B) \cup (B-A)$ 即对称差 $A \triangle B$.对称差为 $\varnothing$ 即没有元素恰属于 A,B 之一.换句话说,属于 A 的元素必属于 B,属于 B 的元素也必属于 A.因此,(26)式成立.

在 $A \triangle B \subseteq K$ 时,恰属于 A,B 之一的元素都属于 K,因此,$A-K, B-K$ 都等于 $(A \cap B)-K$;反之,若 $A-K=B-K$,则恰属于 A,B 之一的元素都在 K 中,即 $A \triangle B \subseteq K$.故(27)式成立.

1.10 有关集合的等式(Ⅲ)

本节所介绍的等式均与对称差有关.

例 1 若 $A \triangle K=B \triangle K$,证明:$A=B$.

证 由 1.8 节例 1(结合律)得

$$\begin{aligned} A &= A \triangle \varnothing = A \triangle (K \triangle K) = (A \triangle K) \triangle K \\ &= (B \triangle K) \triangle K = B \triangle (K \triangle K) = B \triangle \varnothing = B. \end{aligned}$$

例 2 证明：

$$(A\triangle B)' = A'\triangle B = A\triangle B', \tag{1}$$

$$(A\triangle K)\cup(B\triangle K) = (A\cap B)\triangle(K\cup(A\triangle B)). \tag{2}$$

证 $A\triangle B=(A-B)\cup(B-A)=(AB')\cup(BA')$，所以由 De Morgan 公式得

$$\begin{aligned}(A\triangle B)' &= (AB')'\cap(BA')' = (A'\cup B)\cap(B'\cup A)\\ &= (A'\cup B)B'\cup(A'\cup B)A\\ &= (A'B'\cup BB')\cup(A'A\cup BA)\\ &= A'B'\cup BA,\end{aligned} \tag{3}$$

而

$$A'\triangle B = (A'-B)\cup(B-A') = A'B'\cup BA.$$

同样

$$A\triangle B' = A'B'\cup BA.$$

于是(1)式成立.

为了证明(2)式，取补集.

$$\begin{aligned}((A\triangle K)\cup(B\triangle K))' &= (A\triangle K)'\cap(B\triangle K)'\\ &= (A\triangle K')\cap(B\triangle K') \quad (\text{利用(1)式})\\ &= (A\cap(B\triangle K'))\triangle(K'\cap(B\triangle K'))\\ &\qquad (1.8\ \text{节(6)式})\\ &= AB\triangle AK'\triangle K'B\triangle K'\\ &= AB\triangle K'(A\triangle B\triangle I)\\ &= AB\triangle K'(A\triangle B)',\\ &\qquad ((A\triangle B)\triangle I = (A\triangle B)')\end{aligned}$$

$$\begin{aligned}(AB\triangle(K\cup(A\triangle B)))' &= AB\triangle(K\cup(A\triangle B))'\\ &\qquad (\text{利用(1)式})\\ &= AB\triangle(K'(A\triangle B)'),\end{aligned}$$

于是(2)式成立.

为了方便，交 $A\cap B$ 简写作 AB. 并约定交(在没有括号时)

比其他运算先进行,类似于数的四则运算中的乘法.

定义$(A\triangle B)'$为$A\times B$.显然

$$A\times B=B\times A. \tag{4}$$

又由(1)式及(3)式得

$$A\times B=A'\triangle B=A\triangle B'=A'B'\cup BA, \tag{5}$$

从而

$$A\times B=A'\times B'. \tag{6}$$

又

$$(A\times B)\times C=(A\times B)'\triangle C=(A\triangle B)\triangle C,$$
$$A\times(B\times C)=A\triangle(B\times C)'=A\triangle(B\triangle C),$$

所以

$$(A\times B)\times C=A\times(B\times C). \tag{7}$$

例 3 证明:

$$(A\triangle B)\times C=(A\times C)\triangle B=A\triangle(B\times C), \tag{8}$$
$$(A\times C)\triangle(B\times C)=A\triangle B. \tag{9}$$

证

$$\begin{aligned}(A\triangle B)\times C&=(A\triangle B)\triangle C' \qquad (\text{由(5)式})\\&=(A\triangle C')\triangle B=(A\times C)\triangle B\\&=(A\triangle C')\triangle B=A\triangle(C'\triangle B)\\&=A\triangle(B\times C),\end{aligned}$$

$$\begin{aligned}(A\times C)\triangle(B\times C)&=(A\triangle C')\triangle(B\triangle C')\\&=A\triangle B. \qquad (1.8\text{节例}5)\end{aligned}$$

例 4 证明方程组:

$$\begin{cases}X\cap(A\cup B)=X, & (10)\\ A\cap(B\cup X)=A, & (11)\\ B\cap(A\cup X)=B, & (12)\\ X\cap A\cap B=\varnothing & (13)\end{cases}$$

有唯一解,并求出这唯一的X.

证 由(10)式得 $X\subseteq A\cup B$. 由(13)式得 $X\cap(A\cap B)=\varnothing$. 从而 $X\subseteq A\triangle B$.

由(11)式得 $X\supseteq A-B$. 由(12)式得 $X\supseteq B-A$. 从而 $X\supseteq A\triangle B$.

于是,$X=A\triangle B$. 它显然满足(10)式~(13)式.

1.11 容斥原理(Ⅰ)

并集 $A_1,A_2,\cdots,A_n$ 的元数满足

$$|A_1\cup A_2\cup\cdots\cup A_n|\leqslant|A_1|+|A_2|+\cdots+|A_n| \tag{1}$$

当且仅当 $A_1,A_2,\cdots,A_n$ 中两两的交均为空集时等号成立. 又有

$$|A_1\cup A_2\cup\cdots\cup A_n|\geqslant\sum_{i=1}^{n}|A_i|-\sum_{1\leqslant i<j\leqslant n}|A_i\cap A_j| \tag{2}$$

当且仅当 $A_1,A_2,\cdots,A_n$ 中每三个的交均为空集时等号成立.

一般地,

$$\begin{aligned}&|A_1\cup A_2\cup\cdots\cup A_n|\\&=\sum_{i=1}^{n}|A_i|-\sum_{1\leqslant i<j\leqslant n}|A_i\cap A_j|\\&\quad+\sum_{1\leqslant i<j<k\leqslant n}|A_i\cap A_j\cap A_k|-\cdots\\&\quad+(-1)^{n-1}|A_1\cap A_2\cap\cdots\cap A_n|.\end{aligned} \tag{3}$$

事实上,设元素 x 恰在 $A_1,A_2,\cdots,A_n$ 的 m 个中,则 x 对(3)式右边的贡献为

$$\mathrm{C}_m^1-\mathrm{C}_m^2+\cdots+(-1)^{m-1}\mathrm{C}_m^m=1-(1-1)^m=1.$$

由于 C_m^k 在 $k\leqslant\dfrac{m}{2}$ 时递增,在 $k\geqslant\dfrac{m}{2}$ 时递减,如果(3)式的右边略去一个正项及它以后的各项,那么(3)式的左边大于右边(某些元素 x 对右边的贡献非正或被略去的贡献非负). 如果(3)式的

右边略去一个负项及它以后的各项，那么(3)式的左边小于右边.

(3)式称为**容斥原理**.

例1 某班学生中数、理、化优秀的分别有30人、28人、25人.数理、理化、数化两科优秀的分别有20人、16人、17人.数理化三科全优的有10人.问数理两科至少有一科优秀的有多少人？数理化三科至少有一科优秀的有多少人？

解 用A_1,A_2,A_3分别表示数、理、化优秀的学生组成的集合.由题意得

$$|A_1|=30,\quad |A_2|=28,\quad |A_3|=25,$$
$$|A_1\cap A_2|=20,\quad |A_2\cap A_3|=16,$$
$$|A_3\cap A_1|=17,\quad |A_1\cap A_2\cap A_3|=10.$$

由容斥原理得

$$\begin{aligned}|A_1\cup A_2|&=|A_1|+|A_2|-|A_1\cap A_2|\\&=30+28-20=38,\end{aligned}$$

即数理两科至少有一科优秀的学生为38人.

同样，由容斥原理得

$$\begin{aligned}&|A_1\cup A_2\cup A_3|\\&\quad=|A_1|+|A_2|+|A_3|-|A_1\cap A_2|\\&\qquad-|A_2\cap A_3|-|A_3\cap A_1|+|A_1\cap A_2\cap A_3|\\&\quad=30+28+25-20-16-17+10\\&\quad=40,\end{aligned}$$

即数理化三科至少有一科优秀的学生为40人.

例2 $n\geqslant 3$.用数字1,2,3组成n位数(每个数字可以重复)，其中1,2,3均至少出现一次.求这种n位数的个数.

解 用数字1,2,3组成的n位数的集合记为I(全集)，其中不含数字i的n位数的集合记为$A_i(i=1,2,3)$，则

$$|I|=3^n,\quad |A_1|=|A_2|=|A_3|=2^n,$$
$$|A_i\cap A_j|=1(1\leqslant i<j\leqslant 3),\quad |A_1\cap A_2\cap A_3|=0.$$

由容斥原理得

$$\begin{aligned}|(A_1\cup A_2\cup A_3)'|&=|I|-|A_1\cup A_2\cup A_3|\\&=3^n-(2^n+2^n+2^n-1-1-1+0)\\&=3^n-3\times 2^n+3.\end{aligned}$$

例 3 9 名乘客进入 4 个车厢,每个车厢都不空,有多少种分配方法?

解 用 A_i 表示第 i 个车厢空着的分配方法的集合($1\leqslant i\leqslant 4$),I 表示所有分配方法的集合,则

$$|I|=4^9,\quad |A_i|=3^9\quad(1\leqslant i\leqslant 4),$$
$$|A_i\cap A_j|=2^9\quad(1\leqslant i<j\leqslant 4),$$
$$|A_i\cap A_j\cap A_k|=1\quad(1\leqslant i<j<k\leqslant 4),$$
$$|A_1\cap A_2\cap A_3\cap A_4|=0.$$

由容斥原理得

$$\begin{aligned}&|(A_1\cup A_2\cup A_3\cup A_4)'|\\&\quad=4^9-C_4^1\times 3^9+C_4^2\times 2^9-C_4^3\times 1+C_4^4\times 0\\&\quad=186\,480,\end{aligned}$$

即每个车厢都不空的分配方法有 186 480 种.

例 2 和例 3 所用的容斥原理也可以这样表述:

设在全集 I 中,不具有性质 P_i 的元素组成集合 $A_i(i=1,2,\cdots,n)$,则具有性质 $P_1,P_2,\cdots,P_2$ 的元素共有

$$|I|-\sum|A_i|+\sum|A_i\cap A_j|-\sum|A_i\cap A_j\cap A_k|+\cdots+(-1)^n|A_1\cap A_2\cap\cdots\cap A_n|\tag{4}$$

个. 特别地,在和式中各项相等时,上述个数为

$$|I|-C_n^1|A_1|+C_n^2|A_1\cap A_2|-C_n^3|A_1\cap A_2\cap A_3|+\cdots+(-1)^n|A_1\cap A_2\cap\cdots\cap A_n|.\tag{5}$$

(4)式或(5)式也称为**逐步淘汰原则**.

例 4　从自然数数列

$$1,2,3,4,5,\cdots \tag{6}$$

中依次划去 3 的倍数、4 的倍数,但其中凡是 5 的倍数均保留不划去. 剩下的数中第 1 995 个是多少?

解　3,4,5 的最小公倍数是 60. 在 $1,2,\cdots,60$ 中,3 的倍数有 $20\left(=\frac{60}{3}\right)$个,4 的倍数有 $15\left(=\frac{60}{4}\right)$个,3 与 4 的公倍数有 $5\left(=\frac{60}{3\times 4}\right)$个,3 与 5 的公倍数有 $4\left(=\frac{60}{3\times 5}\right)$个,4 与 5 的公倍数有 $3\left(=\frac{60}{4\times 5}\right)$个,3,4,5 的公倍数 1 个. 因此 $1,2,\cdots,60$ 中留下

$$60-20-15+5+4+3-1=36$$

个数. 同样道理,在

$$60m+1,60m+2,\cdots,60m+60 \quad (m\in \mathbf{N})$$

中也留下 36 个数. 因为

$$1\,995=55\times 36+15,$$

而 $1,2,\cdots,60$ 中留下的第 15 个数是 25,所以(6)式中留下的第 1 995 个数是

$$55\times 60+25=3\,325.$$

1.12　容斥原理(Ⅱ)

本节再介绍一些利用容斥原理的问题.

例 1　一次会议有 500 名代表参加,每名代表认识的人数 >400. 证明:一定能找到 6 名代表,每两名互相认识(本题中认识是互相的,即甲认识乙,则乙认识甲).

证　设代表 v_i 认识的人所成的集合为 A_i,不妨设 $v_2\in A_1$,

因为

$$|A_1\cap A_2|=|A_1|+|A_2|-|A_1\cup A_2|$$
$$>400+400-500>0,$$

所以 $A_1\cap A_2$ 不是空集. 不妨设 $v_3\in A_1\cap A_2$.

因为

$$\begin{aligned}|A_1\cap A_2\cap A_3|&=|A_1\cap A_2|+|A_3|-|(A_1\cap A_2)\cup A_3|\\&>(400\times 2-500)+400-500\\&=400\times 3-500\times 2>0,\end{aligned}$$

所以 $A_1\cap A_2\cap A_3$ 不是空集，不妨设 $v_4\in A_1\cap A_2\cap A_3$.

同样地，

$$\begin{aligned}&|A_1\cap A_2\cap A_3\cap A_4|\\&=|A_1\cap A_2\cap A_3|+|A_4|-|(A_1\cap A_2\cap A_3)\cup A_4|\\&>400\times 4-500\times 3>0.\end{aligned}$$

设 $v_5\in A_1\cap A_2\cap A_3\cap A_4$. 再由

$$|A_1\cap A_2\cap A_3\cap A_4\cap A_5|>400\times 5-500\times 4=0,$$

可设 $v_6\in A_1\cap A_2\cap A_3\cap A_4\cap A_5$. 这样得到的 6 个人 v_1,v_2,v_3,v_4,v_5,v_6 互相认识.

例 2 设 n 是正整数. 我们说集合$\{1,2,\cdots,2n\}$的一个排列$(x_1,x_2,\cdots,x_{2n})$具有性质 P，如果在$\{1,2,\cdots,2n-1\}$中至少有一个 i，使$|x_i-x_{i+1}|=n$ 成立. 证明：具有性质 P 的排列比不具有性质 P 的排列多.

证 对于 $k=1,2,\cdots,n$，令 A_k 为 k 与 $k+n$ 相邻的排列组成的集合，则

$$|A_k|=2\times(2n-1)!$$

(k 与 $k+n$ 排在一起作为一个“数”，$2n-1$ 个数有$(2n-1)!$ 种排列. k 与 $k+n$ 的位置可以交换，因此，这样的排列共 $2\times(2n-1)!$ 种)，

$$|A_k\cap A_h|=2^2\times(2n-2)!\quad(1\leqslant k<h\leqslant n)$$

(将 k 与 $k+n$,h 与 $h+n$ 并在一起,$2n-2$ 个"数"有 $(2n-2)!$ 种排列,k 与 $k+n$,h 与 $h+n$ 可以交换,各有 2 种可能).

由容斥原理得,其有性质 P 的排列个数

$$\begin{aligned} m &\geqslant \sum_{k=1}^{n} |A_k| - \sum_{1\leqslant k<h\leqslant n} |A_k \cap A_h| \\ &= 2\times(2n-1)!\times n - \mathrm{C}_n^2 \times 2^2 \times (2n-2)! \\ &= 2n\times(2n-2)!\times n \\ &> (2n)!\times\frac{1}{2}. \end{aligned}$$

m 超过排列总数 $(2n)!$ 的一半,即具有性质 P 的排列多于不具有性质 P 的排列.

例 3 在正 $6n+1$ 边形中,k 个顶点染红色,其余顶点染蓝色.证明:具有同色顶点的等腰三角形的个数与染色方法无关.

证 设 k 个点染红色,其余点染蓝色时,顶点同为蓝色的等腰三角形个数为 a_k,顶点同为红色的等腰三角形个数为 b_k.

因为 $3\nmid 6n+1$,任三个顶点不构成正三角形,以任一顶点作为等腰三角形的"尖"——两腰的公共点,有 $6n+1$ 种方法.其余的 $6n$ 个顶点两两成对,每一对关于过"尖"与(正 $6n+1$ 边形)中心的直线对称,它们与"尖"组成等腰三角形.因此,共能构成 $(6n+1)\times 3n$ 个(以 $6n+1$ 边形的顶点为顶点的)等腰三角形,即 $a_0=(6n+1)\times 3n$.

a_0-a_1 即恰有一个红点 A 时,顶点不同为蓝色的等腰三角形的个数.其中以 A 为尖的有 $3n$ 个,以其他点为尖(以 A 为一个顶点)的有 $6n$ 个.因此,$a_0-a_1=9n$.

现在设 k 个点染成红色.这时全部等腰三角形的个数即 a_0,以红点 A 为顶点的等腰三角形的个数是 a_0-a_1.以两个红点 A,B 为顶点的等腰三角形有 3 个.因此,由容斥原理得

$$a_k = a_0 - \mathrm{C}_k^1(a_0-a_1) + \mathrm{C}_k^2 \cdot 3 - b_k,$$

即顶点同色的等腰三角形的个数为

$$\begin{aligned} a_k+b_k &= a_0-C_k^1(a_0-a_1)+3C_k^2 \\ &= 3n(6n+1)-9kn+\frac{3}{2}k(k-1). \end{aligned}$$

另一种解法见书后习题 8.

上节的例题只需套用容斥原理,依样画葫芦. 本节的例题,需要根据情况,灵活运用原理,值得细细体会.

第2章　映　　射

2.1　映射

设 X,Y 为两个集合，如果对于每一个元 $x\in X$，有一个元 $y\in Y$ 与它对应，那么就说定义了一个从 X 到 Y 的**映射**（也称为**函数**），记作 $f:X\rightarrow Y$. 元 y 称为元 x 在映射 f 下的**像**，记作 $x\mapsto y$ 或 $y=f(x)$. X 称为 f 的**定义域**.

用 $f(X)$ 表示集合 $\{f(x)\mid x\in X\}$，称为**像集合**. 显然 $f(X)\subseteq Y$.

如果 $f(X)=Y$，那么对于每一个 $y\in Y$，至少有一个 $x\in X$，使得 $f(x)=y$. 这时称 f 为**满射**或 f 是从 X 到 Y 上的**映射**. 对于满射，显然有 $|X|\geqslant|Y|$.

如果对 X 中任意两个不同的元 x_1,x_2，均有 $f(x_1)\neq f(x_2)$，那么 f 称为**单射**. 对于单射，显然有 $|X|\leqslant|Y|$.

一个映射既是单射又是满射，就称为**一一对应**. 这时 $|X|=|Y|$. 并且，对每个 $y\in Y$，有唯一的 $x\in X$ 满足 $f(x)=y$. 令 $y\mapsto x$，就得到一个从 Y 到 X 的映射，称为 f 的**逆映射**（即函数 f 的反函数），记作 f^{-1}. f^{-1} 也是一一对应，而且 $f^{-1}(f(x))=x$，$f(f^{-1}(y))=y$.

例1　$X=\{1,2,3,4\}$，$Y=\{0,1\}$，映射 $f:X\rightarrow Y$ 为 $1,3\mapsto 1$；$2,4\mapsto 0$. 这是满射，不是单射.

例2　$X=\mathbf{R}$，$Y=\mathbf{R}$. $x\mapsto\sin x\,(x\in\mathbf{R})$ 所表示的映射 f（即 $\sin$）不是满射也不是单射.

例3　$X=\mathbf{R}$，$Y=\{y\mid -1\leqslant y\leqslant 1\}$. $x\mapsto\sin x\,(x\in\mathbf{R})$ 所表示的映射是满射，不是单射.

例 4 $X=\left\{x\left|-\frac{\pi}{2}\leqslant x\leqslant\frac{\pi}{2}\right.\right\}$，$Y=\{y|-1\leqslant y\leqslant 1\}$. 由 $x\mapsto\sin x$ 所表示的映射是一一对应. 它的逆映射(反函数)是 $y\mapsto\arcsin y$.

当 $X=Y$ 时，映射 $f:X\rightarrow X$ 是 X 到自身的映射.

若 $f:X\rightarrow X$ 使得对每个 $x\in X$，均有 $f(x)=x$，则称 f 为**恒等映射**，记为 I_X. 在不致混淆时，也写成 I.

若 f 不是恒等映射，则不是每个 $x\in X$ 均满足 $f(x)=x$. 称满足 $f(x)=x$ 的 x 为映射 f 的不动点.

例 5 设 X 是 n 元集，Y 是 m 元集. 求：

(ⅰ) 从 X 到 Y 的映射的个数；

(ⅱ) 从 X 到 Y 的满射的个数.

解 (ⅰ) 每个 $x\in X$ 的像可为 m 个 $y\in Y$ 中的任意一个，因此，从 X 到 Y 的映射共有

$$\overbrace{m\times m\times\cdots\times m}^{n\text{个}}=m^n$$

个.

(ⅱ) 上述 m^n 个映射中，y_i 不是像的有 $(m-1)^n$ 个，y_i，y_j 不是像的有 $(m-2)^n$ 个，……根据容斥原理，满射的个数为

$$m^n-C_m^1(m-1)^n+C_m^2(m-2)^n+\cdots+(-1)^kC_m^k(m-k)^n+\cdots+(-1)^{m-1}C_m^{m-1}.$$

2.2 复合映射

设 X,Y,V 为集合，$f:X\rightarrow Y$，$g:Y\rightarrow V$ 为映射，则产生一个映射 $x\mapsto g(f(x))$，称为 f，g 的**复合映射**，用 $g\circ f:X\rightarrow V$ 表示.

对于 $X\rightarrow Y$ 的一一对应 f，显然有

$$f^{-1}\circ f=I_X,\quad f\circ f^{-1}=I_Y. \tag{1}$$

例 1 设 $f:X\rightarrow Y$，$g:Y\rightarrow V$. 证明：

（i）若 $g\circ f$ 是单射，则 f 是单射；

（ii）若 $g\circ f$ 是满射，则 g 是满射.

证　（i）若有 $f(x_i)=f(x_j)$，则

$$g(f(x_i)) = g(f(x_j)).$$

已知 $g\circ f$ 是单射，故由上式得 $x_i=x_j$，即 f 为单射.

（ii）因为 $g\circ f$ 是满射，所以对任一 $v\in V$，有 $x\in X$ 使 $g(f(x))=v$. 于是有 $y=f(x)\in Y$，使 $g(y)=v$. 从而 g 为满射.

例2　设 $f:X\to X$ 满足

$$\underbrace{f\circ f\circ\cdots\circ f}_{k\text{个}f} = I_X, \tag{2}$$

证明：f 是一一对应.

证　由于 I_X 是满射，所以由例1（ii）（那里的 g,f 分别为现在的 f，$\underbrace{f\circ f\circ\cdots\circ f}_{k-1\text{个}f}$）得，$f$ 为满射.

又 I_X 是单射，所以由例1（i）（那里的 g,f 分别为现在的 $\underbrace{f\circ f\circ\cdots\circ f}_{k-1\text{个}f}$，$f$）得，$f$ 为单射.

于是 f 是一一对应.

$\underbrace{f\circ f\circ\cdots\circ f}_{k\text{个}f}$常简记为 $f^{(k)}$.

例3　映射 $f:X\to X$，若对所有 $x\in X$，$f(f(x))=f(x)$ 成立，则称为幂等的. 设 $|X|=n$，试求出幂等映射的个数.

解　设 $|f(X)|=k$，则 $f(X)$ 有 C_n^k 种选择. 对于 $f(X)$ 中任一元 x，显然有 $f(x)=x$，而 $X-f(X)$ 中的每个元，它的像有 k 种选择. 所以共有幂等映射 $\sum\limits_{k=1}^{n}\mathrm{C}_n^k k^{n-k}$ 个.

例4　若 $f:X\to X$ 满足 $f(f(x))=x$（所有 $x\in X$），则 f 称为对合. 设 $|X|=n$，求 $X\to X$ 的对合的个数.

解　设 n 个元中有 j 个对 x,y，满足 $f(x)=y$，$f(y)=x$；其

余的满足 $f(x)=x$.

当 $j=0$ 时,仅一种映射,即 $f=I$;

当 $j>0$ 时,每次取两个作为一对,共取 j 对,有 $C_n^2C_{n-2}^2\cdots C_{n-2j+2}^2$ 种取法. 不考虑 j 对的顺序,有 $\frac{1}{j!}C_n^2C_{n-2}^2\cdots C_{n-2j+2}^2=C_n^{2j}\cdot(2j-1)!!$ 种.

因此,f 的个数为 $1+2\sum_{j=1}^{\left[\frac{n}{2}\right]}C_n^{2j}(2j-1)!!$.

2.3 有限集到自身的映射

设 X 为有限集,映射 $f:X\to X$. 这时单射、满射、一一对应三个概念是相同的.

例 1 (ⅰ) 若 f 为单射,则 f 为一一对应;

(ⅱ) 若 f 为满射,则 f 为一一对应.

解 (ⅰ) 设 X 中元素为 $x_1,x_2,\cdots,x_n$. 由于 f 为单射,$f(x_1),f(x_2),\cdots,f(x_n)$ 各不相同. 因此,$f(x_1),f(x_2),\cdots,f(x_n)$ 就是 X 的全部元素,$f(X)=X$,f 为满射.

(ⅱ) 设 X 中元素为 $x_1,x_2,\cdots,x_n$. 由于 f 为满射,$f(X)=X$,所以 $f(x_1),f(x_2),\cdots,f(x_n)$ 这 n 个元各不相同,它们就是 X 的全部元素,f 是单射.

f 既是单射又是满射,因而是一一对应.

若 $f:X\to Y$,其中 X,Y 为有限集,并且 $|X|=|Y|$,则(ⅰ),(ⅱ)同样成立.

例 1 是很有用的.

例 2 设自然数 a 与 m 互质,$m>1$,则对任意整数 b,同余方程

$$ax\equiv b(\bmod m) \tag{1}$$

有解. 证明:即有一个整数 x,使 $ax-b$ 被 m 整除.

证　考虑 mod m 的剩余类 $X=\{0,1,2,\cdots,m-1\}$ 到自身的映射 f，定义为

$$x\mapsto ax\quad(\text{所在的剩余类}).$$

f 是单射：因为 a 与 m 互质，所以，当 $ax\equiv ax'\pmod m$ 即 $a(x-x')$ 被 m 整除时，$x-x'$ 被 m 整除，即 $x\equiv x'\pmod m$.

根据例 1 得，f 是满射. 从而对任意的整数 b，方程(1)有解.

2.4　构造映射(Ⅰ)

许多问题需要构造一个合乎要求的映射.

例 1　是否有一个映射 $f:\mathbf{R}^+\to\mathbf{R}$，满足

$$f^{(1\,989)}(x)=\frac{x}{x+1}\tag{1}$$

($\mathbf{R}^+$ 表示正实数所成的集)？

解　映射 $f(x)=\dfrac{1}{\dfrac{1}{x}+\dfrac{1}{1\,989}}$ 满足要求. 事实上，$\dfrac{1}{f(x)}=\dfrac{1}{x}+\dfrac{1}{1\,989}$，$\dfrac{1}{f^{(2)}(x)}=\dfrac{1}{f(x)}+\dfrac{1}{1\,989}=\dfrac{1}{x}+\dfrac{2}{1\,989}$，…，$\dfrac{1}{f^{(k)}(x)}=\dfrac{1}{x}+\dfrac{k}{1\,989}$，…，$\dfrac{1}{f^{(1\,989)}(x)}=\dfrac{1}{x}+1$.

例 2　是否有一个映射 $f:\mathbf{R}^+\to\mathbf{R}$，满足

$$f^{(64)}(x)=(\sqrt{x}+1)^2?\tag{2}$$

解　映射 $f(x)=\left(\sqrt{x}+\dfrac{1}{64}\right)^2$ 满足要求. 事实上，$\sqrt{f(x)}=\sqrt{x}+\dfrac{1}{64}$，$\sqrt{f^{(2)}(x)}=\sqrt{f(x)}+\dfrac{1}{64}=\sqrt{x}+\dfrac{2}{64}$，…，$\sqrt{f^{(k)}(x)}=\sqrt{x}+\dfrac{k}{64}$，…，$\sqrt{f^{(64)}(x)}=\sqrt{x}+1$.

更一般地，$f(x)=g(g^{-1}(x)+b)$ 满足

$$f^{(n)}(x)=g(g^{-1}(x)+nb),\tag{3}$$

其中 g 是一一对应,b 为任意常数.事实上,

$$g^{-1}(f(x))=g^{-1}(x)+b,$$

$$g^{-1}(f^{(2)}(x))=g^{-1}(f(x))+b=g^{-1}(x)+2b,$$

……

$$g^{-1}(f^{(n)}(x))=g^{-1}(x)+nb.$$

例 1 和例 2 分别是 $g(x)=\dfrac{1}{x}$,x^2 的特殊情况.

例 3 是否存在映射 f:$\mathbf{N}\to\mathbf{N}$,满足

$$f(f(n))=f(n)+n,\tag{4}$$

$$f(1)=2,\tag{5}$$

$$f(n+1)>f(n)?\tag{6}$$

解 常见的线性函数 $f(x)=ax$ 若满足(4)式,则

$$f(f(n))=a^2n=an+n,$$

从而 $a=\dfrac{\sqrt{5}+1}{2}$.但 $\dfrac{\sqrt{5}+1}{2}x$ 不是 $\mathbf{N}\to\mathbf{N}$ 的映射.为保证 f 取整值,令 $f(x)=\left[\dfrac{\sqrt{5}+1}{2}x\right]$.它满足(6)式,不满足(5)式,(4)式左边比右边小 1).因此还需适当修改.令

$$f(x)=\left[\frac{\sqrt{5}+1}{2}x+b\right],\tag{7}$$

其中 $0<b<1$ 是一个待定的常数.这时

$$f(f(n))=\left[\frac{\sqrt{5}+1}{2}f(n)+b\right]=\left[\frac{\sqrt{5}-1}{2}f(n)+b\right]+f(n)$$

$$=\left[\frac{\sqrt{5}-1}{2}\left[\frac{\sqrt{5}+1}{2}n+b\right]+b\right]+f(n)$$

$$= f(n) + n + \left[\frac{\sqrt{5}+1}{2}b - \frac{\sqrt{5}-1}{2}\left\{\frac{\sqrt{5}+1}{2}n + b\right\}\right], \quad (8)$$

其中$\{x\}=x-[x]$为 x 的小数部分.我们希望(8)式的最后一式中[ ]的项为 0,即

$$0 < \frac{\sqrt{5}+1}{2}b - \frac{\sqrt{5}-1}{2}\left\{\frac{\sqrt{5}+1}{2}n + b\right\} < 1. \quad (9)$$

这只要$\frac{\sqrt{5}+1}{2}b=1$ 即 $b=\frac{\sqrt{5}-1}{2}$.此时

$$f(x) = \left[\frac{\sqrt{5}+1}{2}x + \frac{\sqrt{5}-1}{2}\right] \quad (10)$$

满足全部要求.

例 1～例 3 中的映射都不是唯一的.

2.5 构造映射(Ⅱ)

例 1 试求出所有的映射 $f:\mathbf{R}\to\mathbf{R}$,使得对于一切 $x,y\in\mathbf{R}$,都有

$$f(x^2 + f(y)) = y + (f(x))^2. \quad (1)$$

解 $f(x)=x$ 显然满足(1)式.问题是有没有其他满足要求的映射.

设 f 满足要求,则由(1)式及其中 y 可取一切实数得 f 为满射.

若 $f(y_1)=f(y_2)$,则由(1)式得

$$\begin{aligned} y_1 + f^2(x) &= f(x^2 + f(y_1)) \\ &= f(x^2 + f(y_2)) = y_2 + f^2(x), \end{aligned}$$

从而 $y_1=y_2$.于是 f 为单射.

在(1)式中将 x 换为$-x$,得

$$y + f^2(-x) = f(x^2 + f(y)) = y + f^2(x),$$

从而

$$f^2(-x) = f^2(x),$$

$$f(-x) = f(x) \text{ 或 } f(-x) = -f(x).$$

由于 f 是单射，当 $x \neq 0$ 时，$f(-x) \neq f(x)$. 所以，当 $x \neq 0$ 时，$f(-x) = -f(x)$，并且 $f(-x)$，$f(x)$均非 0.

由于 f 是满射，必有 $f(0)=0$.

在(1)式中令 $x=0$，得

$$f(f(y)) = y. \tag{2}$$

因此，对任一实数 y，由(1)式，(2)式得

$$f(x^2 + y) = f(x^2 + f((y))) = f(y) + f^2(x) \geqslant f(y),$$

这表明 f 是增的，即对于 $y'(=x^2+y)>y$，恒有

$$f(y') > f(y). \tag{3}$$

若有 x 使 $f(x)>x$，则由(2)式，(3)式得

$$x = f(f(x)) > f(x) > x,$$

矛盾. 所以恒有 $f(x) \leqslant x$. 同理 $f(x) \geqslant x$. 因此，$f(n)=x$ 是唯一满足要求的映射.

例 2 构造一个整系数多项式 $f(x)$，使得 f:**Q→Q** 是单射，而 f:**R→R** 不是单射.

解 一次多项式在 **R** 上是单射，二次多项式(图像为抛物线)在 **Q** 上不是单射. 因此，f 至少是三次多项式.

令 $f(x)=x^3-2x$. 我们证明它满足要求.

若有 $f(x)=f(t)$，即 $x^3-2x=t^3-2t$，则

$$(x-t)(x^2+xt+t^2-2) = 0. \tag{4}$$

当 $x \neq t$ 并且 $x^2 \leqslant \frac{8}{3}$ 时，$t=\frac{-x \pm \sqrt{8-3x^2}}{2}$ 使(4)式成立. 因此在 **R** 上，f 不是单射.

对于有理数 x，若 $\sqrt{8-3x^2}$ 为有理数 y，则 $8-3x^2=y^2$，去分母得

$$8m^2 - 3n^2 = l^2. \tag{5}$$

于是(5)式有整数解 l, m, n，其中 m 不等于 0.

若 m,n 有大于1的公因数 d，则由(5)式得 $d^2|l^2$，从而 $d|l$. 可在(5)式的两边同时除以 d. 因此可设(5)式中 m,n 互质$\left(\text{否}\right.$则用$\frac{m}{d},\frac{n}{d},\frac{l}{d}$代替 m,n,l 进行讨论$\left.\right)$.

若 $3|m$，则由(5)式得 $3|l$，从而 $3^2|3n^2$，$3|n^2$，$3|n$. 与 m,n 互质矛盾. 若 $3\nmid m$，则 $3\nmid l$. 由(5)式 mod 3 得

$$2\equiv 1 \pmod 3,$$

矛盾. 因此，(5)式没有整数解 l,m,n，其中 m 不等于0.

这样，$\sqrt{8-3x^2}$不是有理数. 在 $\mathbf{Q}$ 上，(4)式仅当 $t=x$ 时成立. 即在 $\mathbf{Q}$ 上 f 为单射.

例3　是否存在函数 $f:\mathbf{R}\to\mathbf{R}$，使得

$$f(f(x))=x^2-2 \tag{6}$$

对所有 $x\in\mathbf{R}$ 成立?

解　考虑映射 $f^{(2)}$ 与 $f^{(4)}$ 的不动点. 由

$$x=f^{(2)}(x)=x^2-2,$$

得 $f^{(2)}$ 的不动点为 $2,-1$. 由

$$\begin{aligned}x= f^{(4)}(x)&=f^{(2)}(f^{(2)}(x))\\&=(f^{(2)}(x))^2-2=(x^2-2)^2-2,\end{aligned}$$

得 $(x^2-x-2)(x^2+x-1)=0$. 从而 $f^{(4)}$ 的不动点为

$$2,\quad -1,\quad \alpha=\frac{\sqrt{5}-1}{2},\quad \beta=\frac{-\sqrt{5}-1}{2}.$$

因为 $f^{(4)}(f(\alpha))=f(f^{(4)}(\alpha))=f(\alpha)$，所以 $f(\alpha)$ 也是 $f^{(4)}$ 的不动点.

若 $f(\alpha)=2$，则 $\alpha=f^{(4)}(\alpha)=f^{(3)}(2)=f(2)=f(f(\alpha))=f^{(2)}(\alpha)$. 从而 $\alpha=2$ 或 -1，矛盾. 因此 $f(\alpha)\neq 2$.

同理 $f(\alpha)\neq -1$.

若 $f(\alpha)=\alpha$，则 $f^{(2)}(\alpha)=f(\alpha)=\alpha$，仍得 $\alpha\in\{2,-1\}$，矛盾.

于是 $f(\alpha)=\beta$. 同理 $f(\beta)=\alpha$. 这样就有

$$f^{(2)}(\alpha) = f(\beta) = \alpha,$$

仍得出矛盾.

所求的映射不存在.

注 若限制定义域为$\{x \mid |x_1| \geqslant 2\}$,则 f 存在. 如

$$f(x) = 2\mathrm{ch}\left(\sqrt{2}\mathrm{ch}^{-1}\frac{|x|}{2}\right),$$

其中 $\mathrm{ch}\, x=\dfrac{\mathrm{e}^x+\mathrm{e}^{-x}}{2}$称为**双曲余弦**,$\mathrm{ch}^{-1}$是它的反函数.

2.6 函数方程(Ⅰ)

求映射的问题也常称为**函数方程**.

函数方程形形色色,没有固定的解法. 前两节已经介绍了一些例题. 本节再举几个例子.

例 1 求所有函数 f:**R**→**R**,对任意实数 x,y,均有

$$f(x)f(y) = f(x^2 + y^2). \tag{1}$$

解 常数函数 $f(x)=1$ 或 $f(x)=0$ 显然满足要求. 但不知有无其他函数满足要求.

设 f 满足要求. 我们希望通过(1)式(应充分利用这个条件)来确定 f.

令 $x=y=0$,由(1)式得 $f^{(2)}(0)=f(0)$,所以 $f(0)=0$ 或 1.

若 $f(0)=0$,则由(1)式得

$$f(x^2) = f(x)f(0) = 0,$$

即当 $x\geqslant 0$ 时,$f(x)=f((\sqrt{x})^2)=0$. 又在(1)式中将 y 与 x 都换成$-x$,得

$$f^2(-x) = f(2x^2) = f((\sqrt{2}x)^2) = 0,$$

所以 $f(x)$为常数函数 0.

若 $f(0)=1$,则 $f(x)=f(x)f(0)=f(x^2)$. 只需考虑 f 在正实数上的值. 这时

$$f(x+y)=f((\sqrt{x})^2+(\sqrt{y})^2)=f(\sqrt{x})f(\sqrt{y})=f(x)f(y). \tag{2}$$

在(2)式中令 $y=x$,得

$$f(2x)=f^2(x)=f(2x^2),$$

又

$$f(2x)=f((2x)^2)=f(4x^2),$$

所以 $f(2x^2)=f(4x^2)$. 令 $2x^2=y$,则 $f(y)=f(2y)$对一切 $y>0$ 成立. 所以 $f^2(x)=f(2x)=f(x)$,$f(x)=0$ 或 1.

若有某个 y 使 $f(y)=0$,则由(2)式得 $f(x+y)=0$,即对于比 y 大的 x,$f(x)=0$. 由于

$$f\left(\frac{y}{2^k}\right)=f\left(\frac{y}{2^{k-1}}\right)=\cdots=f(y)=0,$$

所以对一切 $x>0$,$f(x)=0$.

从而本题的解为 $f(x)=0$ 或 $f(x)=1$ 或

$$f(x)=\begin{cases}0, & 若\ x\neq 0;\\ 1, & 若\ x=0.\end{cases}$$

(易知最后这个函数也满足条件.)

例 2 设函数 $f:\mathbf{R}\to\mathbf{R}$,不恒为 0,满足条件:对所有 $x,y\in\mathbf{R}$,

(ⅰ) $f(xy)=f(x)f(y)$;

(ⅱ) $f(x+\sqrt{2})=f(x)+f(\sqrt{2})$.

求 $f(x)$.

解 显然 $f(x)=x$ 满足要求. 下面证明这是唯一的解.

首先,在(ⅰ)中令 $x=y=0$,得

$$f(0)=f^2(0),$$

从而 $f(0)=0$ 或 $f(0)=1$.

若 $f(0)=1$,则对任一 $y\in\mathbf{R}$,

$$f(y)=f(0)f(y)=f(0)=1.$$

但这时 $f(x+\sqrt{2})=f(x)=f(\sqrt{2})=1$,与(ⅱ)矛盾. 所以 $f(0)$

$=0$.

同样,在(ⅰ)式中令 $x=y=1$,得

$$f(1)=f^{2}(1),$$

从而 $f(1)=1$ 或 $f(1)=0$.

若 $f(1)=0$,则对任一 $y\in\mathbf{R}$,有

$$f(y)=f(1)f(y)=0,$$

与 $f(x)$不恒为 0 矛盾. 所以 $f(1)=1$.

其次,我们来"改进"(ⅱ). 对任一个 $y\neq 0$,有

$$\begin{aligned}
f(x+y)&=f\left(\frac{y}{\sqrt{2}}\left(x\cdot\frac{\sqrt{2}}{y}+\sqrt{2}\right)\right)\\
&=y\left(\frac{y}{\sqrt{2}}\right)f\left(x\cdot\frac{\sqrt{2}}{y}+\sqrt{2}\right)\\
&=f\left(\frac{y}{\sqrt{2}}\right)\left(f\left(x\cdot\frac{\sqrt{2}}{y}+f\sqrt{2}\right)\right)\\
&=f\left(\frac{y}{\sqrt{2}}\right)f\left(x\cdot\frac{\sqrt{2}}{y}\right)+f\left(\frac{y}{\sqrt{2}}\right)f(\sqrt{2})\\
&=f(x)+f(y).
\end{aligned}$$

上式对 $y=0$ 显然成立. 所以有

(ⅲ) $f(x+y)=f(x)+f(y)$.

于是 $f(x)+f(-x)=f(0)=0$. 从而 $f(x)$是奇函数,只需考虑 $x>0$.

由 $f(1)=1$ 及(ⅲ),易知对 $n\in\mathbf{N}$,有

$$\begin{aligned}
f(n)&=f(n-1)+f(1)=f(n-2)+2f(1)\\
&=\cdots=nf(1)=n.
\end{aligned}$$

并且对 $m,n\in\mathbf{N}$,有

$$mf\left(\frac{n}{m}\right)=\underbrace{f\left(\frac{n}{m}\right)+f\left(\frac{n}{m}\right)+\cdots+f\left(\frac{n}{m}\right)}_{m\text{个}}$$

$$= f\underbrace{\left(\frac{n}{m}+\frac{n}{m}+\cdots+\frac{n}{m}\right)}_{m\text{个}} = f(n) = n,$$

即

$$f\left(\frac{n}{m}\right)=\frac{n}{m}.$$

于是对一切有理数 x，恒有

$$f(x) = x. \tag{3}$$

只要证明此式在 x 为无理数时也成立.

由于 $f(x^2)=f(x)f(x)=f^2(x)\geqslant 0$，所以当 $x>0$ 时，$f(x)$ 非负. 当 $y>0$ 时，

$$f(x+y) = f(x)+f(y) \geqslant f(x),$$

即 $f(x)$ 递增.

对任一无理数 c，可以找到与 c 任意接近的有理数 $r_1,r_2,r_1<c<r_2$. 由单调性得

$$r_1 = f(r_1) \leqslant f(c) \leqslant f(r_2) = r_2.$$

因为 r_1,r_2 可与 c 任意接近，所以

$$f(c) = c.$$

于是 $f(x)=x$ 对一切 x 均成立.

注　在得到(ⅲ)后，根据 $f(1)=1$ 推出，对一切有理数 x，(3)式成立. 这种方法称为 Cauchy 方法. 但要证明(3)式对一切实数成立，仅有(ⅲ)是不够的，必须依靠单调性或连续性，而(ⅰ)正好提供了这种性质.

2.7　函数方程(Ⅱ)

函数方程中的条件，可以有各种不同的运用，巧拙相差很大. 我们不应满足于“解出来”，还应寻求优雅的解法，并仔细琢磨领悟优雅的解法.

例 1　设 S 表示所有大于 -1 的实数构成的集合. 确定所有的函数：$S\to S$，满足以下两个条件：

(ⅰ)对于 S 内的所有 x 和 y,有

$$f(x+f(y)+xf(y))=y+f(x)+yf(x);$$

(ⅱ)在 $-1<x<0$ 与 $x>0$ 的每一个区间内,$\dfrac{f(x)}{x}$ 是严格递增的.

解 由(ⅰ)得

$$f(x+f(x)+xf(x))=x+f(x)+xf(x). \tag{1}$$

对固定的 x,令 $x+f(x)+xf(x)=c$,则上式即

$$f(c)=c. \tag{2}$$

将 c 代入(1)式并利用(2)式得

$$f(2c+c^2)=2c+c^2. \tag{3}$$

因为 $2+c>2+(-1)=1$,所以 $2c+c^2=c(2+c)$ 与 c 同号.

若 $c>0$,则 $2c+c^2>c$,但由(2)式,(3)式可导出

$$\frac{f(2c+c^2)}{2c+c^2}=\frac{f(c)}{c}=1,$$

与 $\dfrac{f(x)}{x}$ 在 $x>0$ 时严格递增矛盾.

若 $c<0$,同样导出矛盾.

因此 $c=0$,从而对一切 $x\in S$,有

$$x+f(x)+xf(x)=0.$$

即

$$f(x)=-\frac{x}{x+1}.$$

不难验证这一函数满足要求.

这一解法巧妙地利用了 $\dfrac{f(x)}{x}$ 的严格递增,迅速地达到了目的.

例 2 (ⅰ)设函数 $f:[0,1]\to[0,1]$,严格增(减),f^{-1} 是它的反函数,并且对所有定义域中的 x 均有

$$f(x)+f^{-1}(x)=2x, \tag{4}$$

求 f.

(ⅱ) $f:\mathbf{R}\to\mathbf{R}$,其余条件同(ⅰ). 求 f.

解　(ⅰ) 显然 $f(x)=x$ 满足所有要求. 但是否仅有这一个解呢? 这唯一性需要证明.

对任一 $x_0\in[0,1]$,定义

$$x_n=f(x_{n-1})\quad(n=1,2,\cdots).$$

在(4)式中,令 $x=x_n$,则

$$x_{n+1}+x_{n-1}=2x_n,$$

即

$$x_{n+1}-x_n=x_n-x_{n-1}\quad(n=1,2,\cdots).$$

从而

$$x_n-x_{n-1}=x_{n-1}-x_{n-2}=\cdots=x_2-x_1=x_1-x_0,$$

$$\begin{aligned}x_n-x_0&=(x_n-x_{n-1})+(x_{n-1}-x_{n-2})+\cdots+(x_1-x_0)\\&=n(x_1-x_0).\end{aligned}$$

因为 $x_n\in[0,1]$,所以

$$|x_1-x_0|=\frac{1}{n}|x_n-x_0|\leqslant\frac{1}{n}.$$

由此得 $x_1=x_0$,即 $f(x_0)=x_0$.

由 x_0 的任意性得,$f(x)=x$.

(ⅱ) 上面的证明不再适用. 实际上,解也不唯一. 容易验证,

$$f(x)=x+C\quad(C\text{ 为任意实数}),$$

满足要求.

下面证明只有这种形式的解.

令 $g(x)=f(x)-x$. 在(4)式中用 $f(x)$ 代替 x 得

$$f(f(x))=2f(x)-x.\tag{5}$$

显然当 $k=0$ 时,

$$f(x+kg(x))=f(x)+kg(x).\tag{6}$$

假设上式对 k 成立,则

$$\begin{aligned}
&f(x+(k+1)g(x))\\
&\quad = f(f(x)+kg(x))\\
&\quad = f(f(x+kg(x))) \qquad \text{(由(6)式)}\\
&\quad = 2f(x+kg(x))-(x+kg(x)) \qquad \text{(由(5)式)}\\
&\quad = 2(f(x)+kg(x))-(x+kg(x)) \qquad \text{(由(6)式)}\\
&\quad = f(x)+(k+1)g(x).
\end{aligned}$$

于是(6)式对一切非负整数 k 均成立.

(6)式对于负整数 k 也成立. 事实上,$x-g(x)=f^{-1}(x)$, $f^{-1}(f^{-1}(x))=2f^{-1}(x)-x$,所以由(6)式可得

$$\begin{aligned}
f^{-1}(x+kg(x)) &= f^{-1}(f^{-1}(f(x)+kg(x)))\\
&= 2f^{-1}(f(x)+kg(x))-(f(x)+kg(x))\\
&= 2(x+kg(x))-(f(x)+kg(x))\\
&= kg(x)+x-g(x),
\end{aligned}$$

即

$$\begin{aligned}
f(x+(k-1)g(x)) &= x+kg(x)\\
&= f(x)+(k-1)g(x).
\end{aligned}$$

这表明从(6)式对 k 成立可导出(6)式对 $k-1$ 也成立.

于是(6)式对一切整数 k 成立.

不妨设 $f(x)$递增. 用 $\wedge$ 表示$>$,$=$,$<$三者之一,$\vee$ 表示与 $\wedge$ 方向相反的不等号. 对任意 $x_2>x_1$,有

$$\begin{aligned}
&x_2-x_1 \wedge k(g(x_1)-g(x_2))\\
&\quad \Leftrightarrow x_2+kg(x_2) \wedge x_1+kg(x_1)\\
&\quad \Leftrightarrow f(x_2+kg(x_2)) \wedge f(x_1+kg(x_1))\\
&\quad \Leftrightarrow f(x_2)+kg(x_2) \wedge f(x_1)+kg(x_1) \qquad \text{(由(6)式)}\\
&\quad \Leftrightarrow x_2+(k+1)g(x_2) \wedge x_1+(k+1)g(x_1)\\
&\quad \Leftrightarrow x_2-x_1 \wedge (k+1)(g(x_1)-g(x_2)).
\end{aligned}$$

若 $g(x_1)\neq g(x_2)$,则总可选择整数 m,使

$$m(g(x_1)-g(x_2))<0<x_2-x_1.$$

由上面的证明

$$(m\pm 1)(g(x_1)-g(x_2))<x_2-x_1.$$

$m\pm 1$ 又可换成 $m\pm 2$,……这样继续下去,左边可变成任意大的正数,矛盾.所以

$$g(x)=C\quad (C\text{ 为常数}).$$

从而

$$f(x)=x+C.$$

上面的解法固然有很高的技巧,但显得臃肿,下面的解法较为轻灵.

又解 若 $f(x_0)=x_0+t$,则

$$f^{-1}(x_0+t)=x_0,$$
$$f(x_0+t)=2(x_0+t)-x_0=x_0+2t,$$
$$f^{-1}(x_0)=2x_0-(x_0+t)=x_0-t,$$
$$f(x_0-t)=x_0,$$
……

于是有链

$$\cdots x_0-2t\overset{f}{\mapsto}x_0-t\overset{f}{\mapsto}x_0\overset{f}{\mapsto}x_0+t\overset{f}{\mapsto}x_0+2t\overset{f}{\mapsto}\cdots,$$

其中 $a\overset{f}{\mapsto}b$ 表示 $f(a)=b$.

(a) 因为 $f(x)$的值限制在区间$[0,1]$内,必有 $t=0$(否则存在正整数 k,使 x_0+kt 溢出区间$[0,1]$).所以 $f(x)=x$.

(b) 设 $x_0'\neq x_0$,$f(x_0')=x_0'+t'$.又有一链

$$\cdots x_0'-2t'\overset{f}{\mapsto}x_0'-t'\overset{f}{\mapsto}x_0'\overset{f}{\mapsto}x_0'+t'\overset{f}{\mapsto}x_0'+2t'\overset{f}{\mapsto}\cdots.$$

若 $t'\neq t$,不妨设 $t'>t$.当自然数 k 充分大时,

$$x_0'+kt'-(x_0+kt)=(x_0'-x_0)+k(t'-t)>0.$$

由单调性得

$$x_0'+(k-1)t'>x_0+(k-1)t,$$
$$x_0'+(k-2)t'>x_0+(k-2)t,$$
……
$$x_0'>x_0,$$

……

$$x_0'-ht'>x_0-ht.$$

但当自然数 h 充分大时，$x_0'-ht'<x_0-ht$，矛盾.因此必有 $t'=t$.

从而 $f(x)=x+C$（C 为常数）.

注 （1）不需要单调性.

（2）没有单调性时，函数值可形成许多条链，不同链上 $f(x)-x$ 的值可以不同，如

$$f(x)=\begin{cases}x, & x\in\mathbf{Q};\\ x+C, & x\in\mathbf{R}-\mathbf{Q}\end{cases}$$

等，均符合要求.

2.8 链

上一节例 2 中出现的链在构造映射时非常有用.

例 1 是否存在函数 $f:\mathbf{N}\to\mathbf{N}$，使得对每一个 $n\in\mathbf{N}$，都有

$$f^{(1\,995)}(n)=2n? \tag{1}$$

解 所述函数是存在的，而且有无穷多个.

为了求出这样的函数，任取一个奇数 j，从 j 出发可以得到一条链

$$j\mapsto 2j\mapsto 4j\mapsto 8j\mapsto\cdots. \tag{2}$$

这样的链有无穷多条（$j=1,3,5,7,9,11,\cdots$）.

将每 1 995 条链组成一条新链，如图 2.8.1 所示.

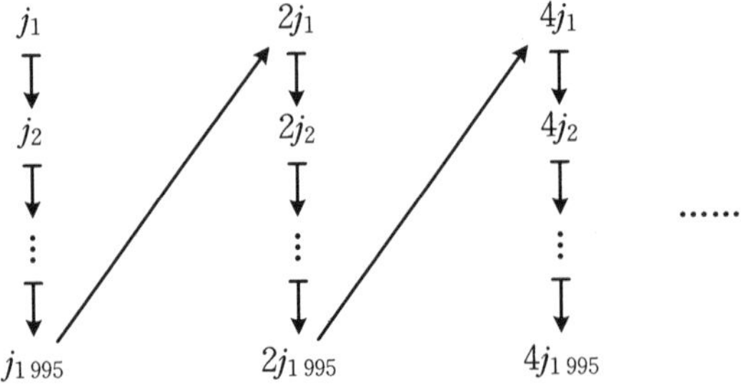

图 2.8.1

这时每一个自然数 n 恰在一条新链中出现.

令 $f(n)$ 为与 n 在同一条新链中，n 后面的那个数，显然 f 满足要求.

由于新链组成的任意性(任 1 995 条组合在一起)，合乎要求的 f 有无穷多个.

解决例 1 的关键是从常见的公式法中跳出来(不能只想到线性函数或其他用公式表示的函数)，考虑一般的映射，其中的对应关系可用$\mapsto$表示.

上面的链(2)，每一项 n 的后一项恰好是 $f^{(1\,995)}(n)$，所以这样的链就表示了函数 $f^{(1\,995)}$(的对应关系). 同样地，新链表示函数 f，它是利用 $f^{(1\,995)}$ 的链做成的(虽然从定义来说，先有 f，后有 $f^{(1\,995)}$，但在构造时，恰恰将这个顺序反过来. 这有些像“分析法”).

例 2　$f(n)$定义在自然数集 $\mathbf{N}$ 上，并且

(ⅰ) 对所有 $n\in\mathbf{N}$ 有 $f(f(n))=4n+9$；

(ⅱ) 对所有 $k\in\mathbf{N}$ 有 $f(2^{k+1})=2^k+3$.

问是否一定有 $f(n)=2n+3$?

解　$f(n)=2n+3$ 显然满足(ⅰ)，(ⅱ). 但满足(ⅰ)，(ⅱ)的函数并非只有一个. 为了说明这一点，我们构造一个满足(ⅰ)，(ⅱ)并且不同于 $2n+3$ 的函数.

为此，当 $3\nmid n$ 时，令 $f(n)=2n+3$. 而当 $3\mid n$ 时，依照例 1 编链.

首先作链(链中每一项为前一项的 4 倍加 9)：

$$3\times1\mapsto3\times(4\times1+3)\mapsto3\times(4^2+15)\mapsto\cdots.$$

设已作了 m 条链. 在这些链外还有形如 $3k(k\in\mathbf{N})$ 的数(事实上，有无穷多个被 12 整除的正整数 $3k$，而每条链中只有链首可能是这种数)，取其中最小的 $3k$，作链(规律同前)

$$3k\mapsto3(4k+3)\mapsto3(16k+15)\mapsto\cdots.$$

这样，每一个被 3 整除的 n 均在且仅在一条链中出现.

将每两条链$\{a_n\}$,$\{b_n\}$编成一条新链,如图 2.8.2 所示.

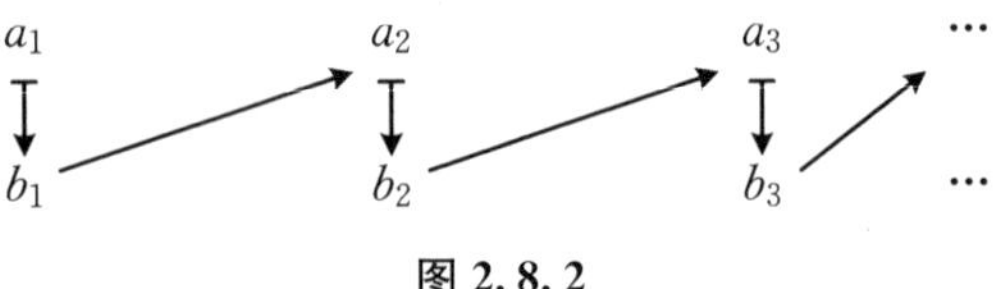

图 2.8.2

对每个被 3 整除的 n,令 $f(n)$为新链上紧接着 n 的项,则 $f(f(n))=4n+9$.

这样就得出无穷多个合乎要求的函数 f,而 $f(n)=2n+3$ 并不恒成立.

每一个函数均可用链表示,所以链不仅可用于构造函数,也可用于有关函数的证明题.

例 3 求证:存在 $f:\mathbf{N}\to\mathbf{N}$,满足

$$f^{(k)}(n)=n+a \quad (n\in\mathbf{N}) \tag{3}$$

的充分必要条件是 a 为非负整数并且 $k|a$.

证 条件是充分的. 当 $k|a$ 时,令

$$f(n)=n+\frac{a}{k}, \tag{4}$$

则

$$f^{(k)}(n)=n+\underbrace{\frac{a}{k}+\frac{a}{k}+\cdots+\frac{a}{k}}_{k个}=n+a.$$

条件也是必要的. 由于 $f:\mathbf{N}\to\mathbf{N}$,所以 a 为整数. 由于 $f^{(k)}(1)=1+a\in\mathbf{N}$,所以 a 为非负整数. 为了证明(4)式成立,不妨设 $a>0$. 首先注意 f 是单射,即对于不同的自然数 n,函数值 $f(n)$ 也互不相同. 事实上,若

$$f(n_1)=f(n_2),$$

那么由(3)式得

$$n_1+a=f^{(k)}(n_1)=f^{(k)}(n_2)=n_2+a$$

导出 $n_1=n_2$(这一结论亦可由 2.2 节例 1 推出,因为 $f^{(k)}(n)=n$

$+a$ 是单射).

自然数集 $\mathbf{N}$ 可以分为若干条链,链中每一项 n 的后面是 $f(n)$.

由于 f 是单射,每两条链不相交.

每条链的前 k 项

$$b, f(b), f^{(2)}(b), \cdots, f^{(k-1)}(b)$$

均不大于 a(若 $f^{(j)}(b)=c>a$,则 $d=c-a$ 满足 $f^{(k)}(d)=c$. 从而 $d, f(d), \cdots, f^{(k)}(d)=c=f^{(j)}(b)$ 均与 $f^{(j)}(b)$ 在同一链中,并且 $f^{(j)}(b)$ 至少是链中的第 $k+1$ 项),其余的项均大于 a(等于在它前面 k 项的那个数加 a). 因此,$1, 2, \cdots, a$ 这 a 个数分在 l 条链中,每条链恰含 k 个这样的数,所以

$$kl = a,$$

即(5)式成立.

这种表示函数(对应)关系的链也可称为**轨道**,以免与第 4 章中集合的链混淆.

2.9 图

如果将元素用**点**表示,某两个元素之间存在一种关系就用一条线(**段**)相连,那么就得到一个反映这种关系的**图**. 其中的线通常称为**边**.

例 1 某地,若一个人的朋友少于 10 个,称为寡合者;若一个人的朋友都是寡合者,称为怪杰. 证明:怪杰的个数不大于寡合者的个数.

证 设不是怪杰的寡合者所成集为 A,不是寡合者的怪杰所成集为 B,既是怪杰又是寡合者所成的集为 C. 又设 $|A|=m$, $|B|=n$. 要证

$$m \geqslant n. \tag{1}$$

将人用点表示. 若两个人是朋友,就在相应的两个点之间连一条边. 这样得到一个图.

B 的元素，因为是怪杰，所以只能与 A,C 中的元素相连. 又因为 C 中的元素是怪杰，而 B 中的元素不是寡合者，所以 B,C 中的元素不相连. 于是 B 中元素只与 A 中元素相连.

B 中每个元素至少引出 10 条边(因为他们都不是寡合者)，所以 A,B 之间至少有 $10n$ 条边.

另一方面，A 中每个元素都是寡合者，所以引出的边数少于 10 条，从而 A,B 之间的边数不超过 $10m$ 条.

因而 $10n\leqslant 10m$，即(1)式成立.

注 当 A,B 都是空集时，(1)式成为等式.

例 2 对于任一自然数 k，若 k 为偶数，将它除以 2，若 k 为奇数，将它加上 1，这称为一次运算. 设恰经过 n 次运算变成 1 的数有 a_n 个，试求 a_{15}.

解 将自然数 k 用点表示. 若 k 经一次运算得到 h，就作一条从 k 到 h 的向量. 这样得到的图称为**有向图**. 如图 2.9.1 所示(这个图应有无穷多个点，我们只作到第 6 层).

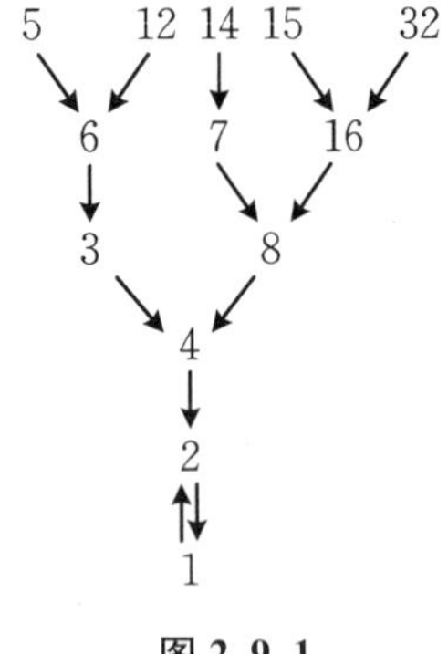

图 2.9.1

显然 $a_1=1$(只有第 2 层的 2 恰经过一次运算变成 1)，$a_2=1$(只有第 3 层的 4 恰经过两次运算变成 1).

对于 $n\geqslant 2$，第 $n+1$ 层的 a_n 个恰经过 n 次运算变成 1 的数中，每一个奇数 m，只有 $2m$ 恰经过一次运算变成 m；每一个偶

数 m，有 $2m$ 与 $m-1$ 两个数恰经过一次运算变成 m. 因此，更上一层的 a_{n+1} 个数比这一层的 a_n 个数多出的个数 $a_{n+1}-a_n$ 就是这 a_n 个数中偶数的个数.

第 $n+1$ 层的偶数经一次运算变为第 n 层的 a_{n-1} 个数. 因此

$$a_{n+1}-a_n=a_{n-1},$$

即

$$a_{n+1}=a_n+a_{n-1}. \tag{2}$$

由递推关系(2)及初始条件 $a_1=a_2=1$，不难逐步推出

n	1	2	3	4	5	6	7	8	9	10	11	12	13	14	15
a_n	1	1	2	3	5	8	13	21	34	55	89	144	233	377	610

注　(1) 序列 $\{a_n\}$ 就是著名的 Fibonacci 数列. 在项数不太大时，用递推公式计算 a_n 比用通项公式简单.

(2) “每一个自然数都可以经过有限步运算变为 1”，这称为**角谷猜测**，至今未能证明.

例 3　30 个足球队，每个队与同样多的队赛过，每次比赛都决出胜负(无平局). 胜的场数大于负的场数的球队至多有多少个?

解　每场比赛一胜一负，因此各队胜的场数之和恰好等于各队负的场数之和.

如果每个队胜的场数均大于负的场数，那么各队胜的场数之和大于各队负的场数之和，矛盾. 所以至多有 29 个队胜的场数大于负的场数.

我们指出 29 个队胜的场数大于负的场数是可能的. 为此，将这 29 个队用 29 个点表示，并记为 $v_1,v_2,\cdots,v_{29}$. 约定 $v_{i+29}=v_i(i=1,2,\cdots)$.

令 v_i 胜 $v_{i+1},v_{i+2},\cdots,v_{i+14}(=1,2,\cdots)$，则这 29 个球队每个队各胜 14 场，负 14 场，再加入一个点 u 表示第 30 个队，它负于 $v_1,v_2,\cdots,v_{29}$，则 $v_1,v_2,\cdots,v_{29}$ 胜的场数均大于负的场数.

注 (1) 如果在胜队与负队之间作一向量,那么上面 30 个点每两个点之间均有一条向量,这样的图称为**竞赛图**.如果每两个点之间连一条边(而不是向量),这样的图称为**完全图**.参见 3.7 节例题.

(2) 一般地,将 30 改为 $n(\geqslant 2)$,则胜的场数大于负的场数的队至多为

$$\begin{cases} n-1, & \text{若 } n \text{ 为偶数;} \\ n-2, & \text{若 } n \text{ 为奇数.} \end{cases}$$

第 3 章　有限集的子集

3.1　子集的个数

从本节起，考虑集合 $X=\{1,2,\cdots,n\}$ 的子集. X 的全体子集所成的族记为 $P(X)$. $P(X)$ 也是集合，它的元素是 X 的子集. 这种以集合为元素的集合习惯上称为**族**或**类**.

例如，$X=\{1,2,3\}$，则

$$P(X)=\{\varnothing,\{1\},\{2\},\{3\},\{1,2\},\{1,3\},\{2,3\},\{1,2,3\}\}.$$

$P(X)$ 有多少个元，即 X 共有多少个子集？

为了回答这一问题，我们考虑如何构成 X 的子集. 元素 $i(1\leqslant i\leqslant n)$，可以归入这个子集，也可以不归入这个子集，即 i 有两种归属. n 个元 $1,2,\cdots,n$ 共有

$$\underbrace{2\times 2\times\cdots\times 2}_{n\text{个}}=2^n$$

种归属. 每一种归属产生 X 的一个子集. 不同的归属产生不同的子集，而且每一个子集均由一种归属产生. 从而

$$|P(X)|=2^n; \tag{1}$$

即 X 有 2^n 个子集.

上面的解法也可以说成每一个从 X 到 $\{0,1\}$ 的映射产生一个子集 A，它由映射成 1 的那些元素组成. 不同的映射产生不同的子集，每一个子集都可由这种映射产生(对于子集 A，令

$$\lambda_{A(x)}=\begin{cases}1, & \text{若 } x\in A;\\ 0, & \text{若 } x\notin A.\end{cases} \tag{2}$$

则 $\lambda_{A(x)}$ 是 $X\to\{0,1\}$ 的映射，而且 $\lambda_{A(x)}$ 产生子集 A). 所以子集的个数就是映射的个数. 而由于每个元均有映为 0 与映为 1 两种可能，所以映射的个数为 2^n(2.1 节例 3(ⅰ)$m=2$ 的特例)，即 X

的子集的个数为 2^n.

映射(2)称为子集 A 的**特征函数**.

本题还有另一种解法：

X 的 k 元子集即从 n 个元中取 k 个的组合，共有 C_n^k 个($k=0,1,\cdots,n$)，因此 X 的子集共有

$$C_n^0+C_n^1+C_n^2+\cdots+C_n^n=2^n$$

个. 其中包括空集 $\varnothing$ 与 X 本身.

用上面的方法不难得出 X 中含 k 个指定元素的子集共 2^{n-k} 个. 特别地，含一个指定元素(例如 n)的子集共有 2^{n-1} 个.

$P(X)$的子集 $\mathscr{A}$ 也是 X 的子集族，$\mathscr{A}$ 的元是 X 的子集. 有时为了突出 $\mathscr{A}$ 的元 A 是 X 的子集，我们说 A 是 $\mathscr{A}$ 中的子集. 请注意不要与 $\mathscr{A}$ 的子集混淆. $\mathscr{A}$ 的子集是 X 的子集族，$\mathscr{A}$ 中的子集是 X 的子集，即 $\mathscr{A}$ 的元.

子集族也是集合. 因此可以讨论子集族 $\mathscr{A}$,$\mathscr{B}$ 的并、交、对称差等. 子集族的子集也称为子族.

3.2 两两相交的子集

设 $\mathscr{A}\subseteq P(X)$是 X 的一个子集族，即 X 的一些子集所成的集合. $\mathscr{A}$ 中的每两个元(X 的两个子集)X_i,X_j 具有性质 $X_i\cap X_j\neq\varnothing$. 问 $\mathscr{A}$ 中至多有多少个元?

显然在 $X_i\in\mathscr{A}$ 时，它的补集 $X_i'\notin\mathscr{A}$. 因为 X_i 不同时，X_i'不同. 所以至少有$|\mathscr{A}|$个 X 的子集不属于 $\mathscr{A}$. 从而$|\mathscr{A}|\leqslant|P(X)|-|\mathscr{A}|$,

$$|\mathscr{A}|\leqslant\frac{1}{2}|P(X)|=\frac{1}{2}\times2^n=2^{n-1}.$$

另一方面，X 的含 n 的子集共有 2^{n-1}个，每两个的交非空，所以 $\mathscr{A}$ 中至多有 2^{n-1}个元.

更有趣的，我们有下面的命题：

若子集族 $\mathscr{A}$ 中每两个元 $X_i\cap X_j\neq\varnothing$，并且$|\mathscr{A}|<2^{n-1}$，则总

可以补充若干个 X 的子集到 $\mathscr{A}$ 中，使得 $\mathscr{A}$ 仍保持每两个元 $X_i \cap X_j \neq \varnothing$ 的性质，并且 $|\mathscr{A}| = 2^{n-1}$.

证明　因为 $|\mathscr{A}| < 2^{n-1}$，所以必有一个 X 的子集 $A \notin \mathscr{A}$，并且 $A' \notin \mathscr{A}$. 如果 A 与 $\mathscr{A}$ 中每个元的交均非空，将 A 加到 $\mathscr{A}$ 中. 否则 $\mathscr{A}$ 中必有一个元 B，满足 $B \cap A = \varnothing$，从而 $B \subset A'$. 将 A' 加到 $\mathscr{A}$ 中，由于 $\mathscr{A}$ 中每个元与 B 有非空交，所以它们与 A' 有非空交.

于是总可将 A 或 A' 加入 $\mathscr{A}$ 中，使 $|\mathscr{A}|$ 增加 1，同时 $\mathscr{A}$ 中每两个元有非空交. 这样继续下去便可使 $|\mathscr{A}|$ 达到最大值 2^{n-1}，并且 $\mathscr{A}$ 中每两个元有非空交.

3.3　奇偶子集

设 A 是 X 的子集. 若 A 中所有数的和为奇数，则称 A 为 X 的**奇子集**. 若 A 中所有数的和为偶数，则称 A 为 X 的**偶子集**.

（ⅰ）求 X 的奇子集的个数与偶子集的个数；

（ⅱ）求 X 的所有奇子集的元素和的和.

解　设 A 是 X 的奇子集. 考虑映射 f：

$$A \mapsto A - \{1\}, \quad 若\ 1 \in A;$$
$$A \mapsto A \cup \{1\}, \quad 若\ 1 \notin A.$$

显然 f 是将奇子集映为偶子集的映射. f 是单射，即对不同的 A，$f(A)$ 不同.

f 是满射，即对每一个偶子集 B，都有一个 A，满足 $f(A) = B$. 事实上，当 $1 \in B$ 时，令 $A = B - \{1\}$；当 $1 \notin B$ 时，令 $A = B \cup \{1\}$；则 $f(A) = B$.

于是 f 是从奇子集族到偶子集族的一一对应，从而 X 的奇子集与偶子集个数相等，都等于 $\frac{1}{2}|P(X)| = \frac{1}{2} \times 2^n = 2^{n-1}$.

作为（ⅰ）的推论，X 的含 1 的奇子集有 $2^{n-2}\left(= \frac{1}{2} \times 2^{n-1}\right)$

个;不含 1 的奇子集也有 2^{n-2} 个.

X 的所有子集的元素和的和是

$$2^{n-1}\times(1+2+\cdots+n)=2^{n-2}n(n+1)$$

(因为任一元素 i 在 2^{n-1} 个子集中出现).

对应上面的映射 f,每个含 1 的奇子集 A 比偶子集 B 多个 1,因而元素和多 1. 所有含 1 的奇子集(2^{n-2} 个)的元素和的和比所有不含 1 的偶子集的元素和的和多 2^{n-2}.

同样地,所有不含 1 的奇子集的元素和的和比所有含 1 的偶子集的元素和的和少 2^{n-2}.

因此,所有奇子集的元素和的和与所有偶子集的元素和的和相等,都等于

$$\frac{1}{2}\times 2^{n-2}n(n+1)=2^{n-3}n(n+1).$$

3.4　另一种奇偶子集

设集合 $X=\{1,2,\cdots,n\}$,若 X 的非空子集 A 中奇数的个数大于偶数的个数,则称 A 是奇子集. 试求:

(1) X 的奇子集的个数;

(2) X 的所有奇子集的元素和的总和.

解　(1) 若 $n=2k+1$(k 为非负整数). 设 A 为 X 的子集(包括空集),则 A 与 A' 中恰有一个为奇子集,从而奇子集的个数为 $\frac{1}{2}\times 2^n=2^{n-1}$.

若 $n=2k$(k 为正整数). 这时一个奇子集有 $i(1\leqslant i\leqslant k)$ 个奇数,$j(0\leqslant j<i)$ 个偶数,所以奇子集的个数

$$\begin{aligned}M&=\sum_{i=1}^{k}\mathrm{C}_k^i\sum_{j=0}^{i-1}\mathrm{C}_k^j=\sum_{i=1}^{k}\mathrm{C}_k^i\sum_{j=k+1-i}^{k}\mathrm{C}_k^j=\sum_{i+j\geqslant k+1}\mathrm{C}_k^i C_k^j\\&=(1+x)^k\cdot(1+x)^k\text{ 中次数大于 }k\text{ 的项的系数和}\\&=(1+x)^{2k}\text{ 中次数大于 }k\text{ 的项的系数和}\end{aligned}$$

$$=\sum_{t=k+1}^{2k}C_{2k}^{t}=\sum_{i=0}^{k-1}C_{2k}^{t}=\frac{1}{2}\left(\sum_{t=0}^{2k}C_{2k}^{t}-C_{2k}^{k}\right)$$

$$=2^{2k-1}-\frac{1}{2}C_{2k}^{k}=2^{n-1}-\frac{1}{2}C_{n}^{\frac{n}{2}}.$$

(2) 若 $n=2k+1$(k 为非负整数). 含有奇数 t 的奇子集有 $\sum\limits_{i=0}^{k}C_{k}^{i}\sum\limits_{j=0}^{i}C_{k}^{j}$ 个. 与(1) 类似,

$$\sum_{i=0}^{k}C_{k}^{i}\sum_{j=0}^{i}C_{k}^{j}=\sum_{i=0}^{k}C_{k}^{i}\sum_{j=k-i}^{k}C_{k}^{j}=\sum_{i+j\geqslant k}C_{k}^{i}C_{k}^{j}$$

$=(1+x)^{2k}$ 中次数大于 $k-1$ 的项的系数和

$$=\sum_{j=k}^{2k}C_{2k}^{j}=2^{2k-1}+\frac{1}{2}C_{2k}^{k}.$$

含有偶数 s 的奇子集有 $\sum\limits_{i=2}^{k}C_{k+1}^{i}\sum\limits_{j=0}^{i-2}C_{k-1}^{j}$ 个,

$$\sum_{i=2}^{k}C_{k+1}^{i}\sum_{i=0}^{i-2}C_{k-1}^{j}$$

$$=\sum_{i=2}^{k}C_{k+1}^{i}\sum_{j=k+1-i}^{k}C_{k-1}^{j}=\sum_{i+j\geqslant k+1}C_{k+1}^{i}C_{k-1}^{j}$$

$=(1+x)^{k+1}(1+x)^{k-1}$ 中次数大于 k 的项的系数和

$$=\sum_{j=k+1}^{2k}C_{2k}^{j}=2^{2k-1}-\frac{1}{2}C_{2k}^{k}.$$

因此,所求的和为

$$\left(2^{2k-1}+\frac{1}{2}C_{2k}^{k}\right)(1+3+5+\cdots+(2k+1))$$

$$+\left(2^{2k-1}-\frac{1}{2}C_{2k}^{k}\right)(2+4+\cdots+2k)$$

$$=2^{2k-1}\cdot\frac{(2k+1)(2k+2)}{2}+\frac{1}{2}C_{2k}^{k}\cdot(k+1)$$

$$=n(n+1)\cdot 2^{n-3}+\frac{n+1}{4}C_{n-1}^{\frac{n-1}{2}}.$$

若 $n=2k$(k 为正整数). 类似地,所求和为

$$n(n+1)\cdot 2^{n-3}-\frac{n}{2}\left(\frac{n}{2}+1\right)C_{n-1}^{\frac{n}{2}}.$$

3.5 Graham 的一个问题

美国数学家 Graham 曾提出一个问题:

对 X 的一个子集族 $\mathscr{A}$,定义

$$\mathscr{A}^* = \{A \mid A \text{ 是 } \mathscr{A} \text{ 中奇数个集的子集}\}.$$

(例如 $X=\{1,2,3\}$, $\mathscr{A}=\{\{1\},\{1,2\},\{1,2,3\}\}$,则 $\mathscr{A}^*=\{\{1\},\varnothing,\{1,2,3\},\{3\},\{1,3\},\{2,3\}\}$.)证明:

$$(\mathscr{A}^*)^* = \mathscr{A}. \tag{1}$$

这里提供三种证法.

证法 1 对于 $\mathscr{A}$,我们令 f 为它的特征函数. 即 f 是从 $P(X)$ 到 $\{0,1\}$ 的映射,满足:

$$f(A)=\begin{cases}1, & \text{若 } A\in\mathscr{A};\\ 0, & \text{若 } A\notin\mathscr{A}.\end{cases}$$

同样地,$\mathscr{A}^*$ 的特征函数 f^* 满足:

$$\begin{aligned} f^*(A)&=\begin{cases}1, & \text{若 } A\in\mathscr{A}^*;\\ 0, & \text{若 } A\notin\mathscr{A}^*.\end{cases}\\ &=\begin{cases}1, & \text{若 } \mathscr{A} \text{ 中奇数个集含 } A;\\ 0, & \text{其他情况.}\end{cases}\\ &=\begin{cases}1, & \text{若 } |\{B \mid B\supseteq A, f(B)=1\}| \text{ 为奇数;}\\ 0, & \text{其他情况.}\end{cases}\\ &=\sum_{B\supseteq A} f(B). \end{aligned}$$

(这里的和应 mod 2,即和为奇数时,它就是 1. 和为偶数时,它就是 0.)

$(\mathscr{A}^*)^*$ 的特征函数 f^{**} 满足:

$$f^{**}(\mathscr{A})=\begin{cases}1, & \text{若 } A\in(\mathscr{A}^*)^*;\\ 0, & \text{若 } A\notin(\mathscr{A}^*)^*.\end{cases}$$

根据上面内容有

$$f^{**}(A)=\sum_{B\supseteq A}f^*(B)=\sum_{B\supseteq A}\sum_{C\supseteq B}f(C)$$
$$=\sum_{C\supseteq A}f(C)\sum_{C\supseteq B\supseteq A}1,$$

后一个和号表示满足 $C\supseteq B\supseteq A$ 的子集 B 的个数. 容易知道这个和应为 $2^{|C|-|A|}$(相当于 2.1 节中末段所说的 2^{n-k}). 于是

$$f^{**}(A)=\sum_{C\supseteq A}f(C)\cdot 2^{|C|-|A|}.$$

当 $C=A$ 时, $2^{|C|-|A|}$ 为奇数(即 1); 当 $C\neq A$ 时, $2^{|C|-|A|}$ 为偶数(即 0). 所以

$$f^{**}(A)=f(A). \tag{2}$$

(2)式表明 $\mathscr{A}$ 与 $(\mathscr{A}^*)^*$ 的特征函数相同,因此(1)式成立.

另一种与证法 1 实质相同的叙述见《数学竞赛研究教程》(单墫著,江苏教育出版社 1993 年出版).

证法 2　利用对称差,易知

$$X=\{1\}\triangle\{2\}\triangle\cdots\triangle\{n\}. \tag{3}$$

又由 $*$ 的定义,对任一集合 A 有

$$(\{A\})^*=P(A). \tag{4}$$

(A 的每个子集都含于 $\{A\}$ 的唯一元素 A 中.)

$$(P(A))^*=A. \tag{5}$$

(A 的子集 C 被 $P(A)$ 中 $2^{|A|-|C|}$ 个元包含,仅在 $C=A$ 时, $2^{|A|-|C|}$ 是奇数.)

$*$ 与 $\triangle$ 符合"分配律",即对 X 的任意两个子集族 $\mathscr{A}$, $\mathscr{B}$, 有

$$(\mathscr{A}\triangle\mathscr{B})^*=\mathscr{A}^*\triangle\mathscr{B}^*. \tag{6}$$

事实上, $C\in(\mathscr{A}\triangle\mathscr{B})^*\Leftrightarrow C$ 是 $\mathscr{A}\triangle\mathscr{B}$ 中奇数个元(X 的子集)的子集 $\Leftrightarrow C$ 是 $\mathscr{A}$ 或 $\mathscr{B}$ 之一的奇数个元的子集,但不同时是 $\mathscr{A}$ 与 $\mathscr{B}$ 中奇数个元的子集 $\Leftrightarrow C\in\mathscr{A}^*\triangle\mathscr{B}^*$.

现在证明(1)式. 设 $\mathscr{A}=\{A_1,A_2,\cdots,A_k\}$, 则由(3)式~(6)式易得

$$\begin{aligned}\mathscr{A}^* &= (\{A_1\}\triangle\{A_2\}\triangle\cdots\triangle\{A_k\})^* \\ &= (\{A_1\})^*\triangle(\{A_2\})^*\triangle\cdots\triangle(\{A_k\})^* \\ &= P(A_1)\triangle P(A_2)\triangle\cdots\triangle P(A_k),\end{aligned}$$

$$\begin{aligned}(\mathscr{A}^*)^* &= (P(A_1)\triangle P(A_2)\triangle\cdots\triangle P(A_k))^* \\ &= (P(A_1))^*\triangle(P(A_2))^*\triangle\cdots\triangle(P(A_k))^* \\ &= \{A_1\}\triangle\{A_2\}\triangle\cdots\triangle\{A_k\} \\ &= \{A_1,A_2,\cdots,A_k\} = \mathscr{A}.\end{aligned}$$

证法 3 需知道矩阵的乘法. 令 $N=2^n$. 设 X 的全部子集为 $A_1,A_2,\cdots,A_N$. 考虑一个 $N\times N$ 的矩阵(数表)$\boldsymbol{F}$,矩阵 $\boldsymbol{F}$ 的第 i 行第 j 列的元素为 a_{ij},

$$a_{ij}=\begin{cases}1, & 若 A_i\subseteq A_j;\\ 0, & 其他情况.\end{cases}$$

对于 X 的每一个子集族 $\mathscr{A}$,定义列向量 $\boldsymbol{C}(\mathscr{A})=(c_1,c_2,\cdots,c_N)^{\mathrm{T}}$,其中

$$c_i=\begin{cases}1, & 若 A_i\in\mathscr{A};\\ 0, & 其他情况.\end{cases}$$

$\boldsymbol{a}^{\mathrm{T}}$ 表示向量 $\boldsymbol{a}$ 的转置,即

$$(c_1,c_2,\cdots,c_N)^{\mathrm{T}}=\begin{pmatrix}c_1\\ c_2\\ \vdots\\ c_N\end{pmatrix}.$$

由矩阵的乘法得

$$\boldsymbol{F}\times\boldsymbol{C}(\mathscr{A})=(x_1,x_2,\cdots,x_N)^{\mathrm{T}},$$

其中 x_i 就是 $\mathscr{A}$ 中包含 A_i 的元数. 因此

$$\boldsymbol{F}\times\boldsymbol{C}(\mathscr{A})\equiv\boldsymbol{C}(\mathscr{A}^*)\pmod 2.$$

从而

$$\boldsymbol{F}^2\times\boldsymbol{C}(\mathscr{A})\equiv\boldsymbol{F}\times\boldsymbol{C}(\mathscr{A}^*)\equiv\boldsymbol{C}((\mathscr{A}^*)^*)\pmod 2. \quad (7)$$

另一方面,$\boldsymbol{F}^2=(b_{ij})$,其中

$$b_{ij}=\sum_{k=1}^{N}a_{ik}a_{kj}.$$

显然,当且仅当 $a_{ik}=a_{kj}=1$ 时,$a_{ik}a_{kj}=1$. 即当且仅当 $A_i\subseteq A_k\subseteq A_j$ 时,$a_{ik}a_{kj}=1$. 于是 b_{ij} 即满足 $A_i\subseteq A_k\subseteq A_j$ 的 A_k 的个数,从而

$$b_{ij}=\begin{cases}2^{|A_j|-|A_i|}, & 若 A_i\subseteq A_j;\\ 0, & 其他情况.\end{cases}$$
$$=\begin{cases}1, & 若 i=j;\\ 0, & 若 i\neq j.\end{cases}\pmod 2$$

即 $\boldsymbol{F}^2\pmod 2$ 是恒等矩阵 $\begin{pmatrix}1 & & & \\ & 1 & & \\ & & \ddots & \\ & & & 1\end{pmatrix}$.

由(7)式得 $\boldsymbol{C}(\mathscr{A})=\boldsymbol{C}((\mathscr{A}^*)^*)$,即 $\mathscr{A}=(\mathscr{A}^*)^*$.

三种证法各有千秋,值得细细品味. 其中特征函数、对称差、(0,1)矩阵(元素为 0 或 1 的矩阵)都是有用的工具.

3.6　三元子集族(Ⅰ)

集合 $X=\{1,2,\cdots,n\}$ 的三元子集族,由 X 的全部或一些三元子集组成,在很多问题中出现. 大概是因为除了二元子集族,三元子集族最为简单,而性质又极丰富.

例1　$n(\geqslant 4)$名学生组成 $n+1$ 个俱乐部,每个俱乐部有 3 名学生,并且每两个俱乐部的成员不全相同. 证明:必有两个俱乐部恰有一个公共成员.

证　每个俱乐部就是一个三元子集,问题即 $X=\{1,2,\cdots,n\}$ 的 $n+1$ 个三元子集中,必有两个恰有一个公共元.

假设没有两个子集恰有一个公共元.

$n+1$ 个子集共有 $3(n+1)$ 个元,其中必有一个元出现的次数 $\geqslant\left\lceil\frac{3(n+1)}{n}\right\rceil=4$($\lceil x\rceil$ 表示不小于实数 x 的最小整数,例如

$\lceil 3.14 \rceil=4$.$\lceil x \rceil$称为**天花板函数**),即它至少属于 4 个子集.

设 i 至少属于 4 个子集,$\{i,j,k\}$是这样的一个集.另一个含 i 的集必含 j 或 k,不妨设它为$\{i,j,l\}$.

若有一个含 i 的三元子集不含 j,则它必为$\{i,k,l\}$.但这时第 4 个含 i 的三元子集不可能与$\{i,j,k\}$,$\{i,j,l\}$,$\{i,k,l\}$均有两个公共元素.所以每个含 i 的三元子集必含 j.由对称性得,含 j 的三元子集也必含 i.

设 $n+1$ 个集中有 m 个含 i(从而也含 j),则这 m 个集(的并)共有 $m+2$ 个元素.其余的 $n-m+1$ 个集与这 m 个集无公共元素(若有公共元素,则有两个公共元素.从而这集含 i 或 j).于是由 $n-(m+2)=n-m-2$ 个元组成 $n-m+1$ 个三元子集.

用 $n-m-2$ 个元与 $n-m+1$ 个子集代替上面的 n 个元与 $n+1$ 个子集,进行同样的讨论.依此类推,每次得出一些三元子集,个数大于并的元数.但这一过程不能无限继续下去.矛盾表明必有两个三元子集的交恰含一个元素.

又证 假设没有两个子集恰有一个公共元.

若子集 A 与 B 有公共元(从而它们有两个公共元),则称 A,B 等价,记为 $A\sim B$.

显然 $A\sim B$,$B\sim C$ 时,$A\sim C$(A,B 的两个公共元中至少有一个属于 C).于是,我们可以利用等价关系将这些子集分类.同一类的子集互相等价,不同类的子集互不等价(因而没有公共元素).

由于子集数比元数多 1,所以必有一个类中子集数比元数多.

设$\{i,j,k\}$与$\{i,j,l\}$是这个类中的两个子集.若这类中第三个子集为$\{i,k,l\}$,则这类中只能再有一个集即$\{j,k,l\}$.若这类中第三个子集为$\{i,j,s\}$,则其他的集合也都含 i,j.前一种情况,子集数$\leqslant$元数 4.后一种情况,子集数比元数少 2.均导致矛盾.

例 2　求所有的自然数数对(m,n),使得集合 $X=\{1,2,\cdots,n\}$有 m 个三元子集 $A_1,A_2,\cdots,A_m$ 满足:

(ⅰ) X 的每一对元素(即二元子集)恰含在一个 $A_i(1\leqslant i\leqslant m)$中;

(ⅱ) $A_1,A_2,\cdots,A_m$ 中每两个恰有一个公共元.

解　设 $A_1=\{1,2,3\}$. $n=3$,$m=1$ 是一个解. 若 $n>3$,则有含 1 与第四个元 4 的集 $A_2=\{1,4,5\}$. 由(ⅰ)知,5 与 1,2,3,4 均不同.

又有 $A_3=\{2,4,6\}$,$A_4=\{3,4,7\}$,6,7 与以前的元素不同.

$A_5=\{1,6,j\}$. 由(ⅰ)得,$j\neq 1,2,3,4,5,6$. 而由(ⅱ)得,$A_5\cap A_4\neq\varnothing$,所以 $j=7$.

若有第 8 个元素 8,则由(ⅰ)得,$A_6=\{1,8,t\}$,其中 $t\neq 2,3,4,5,6,7$. 从而 $A_6\cap A_4=\varnothing$,与(ⅱ)矛盾. 所以 $n=7$. 此时除上面的 $A_1,A_2,\cdots,A_5$ 外,还有 $A_6=\{3,5,6\}$,$A_7=\{2,5,7\}$. 于是 $m=7$.

$(m,n)=(1,3),(7,7)$满足本题要求.

又解　每个 A_i 中有 3 个二元子集,所以

$$mC_3^2=C_n^2. \tag{1}$$

每个含元素 j 的 A_i 中,有两个含 j 的二元子集. X 中含 j 的二元子集共有 $n-1$ 个. 由(ⅰ)知,它们均恰属一个 A_i,所以有$\dfrac{n-1}{2}$个 A_i 含 j.

将 A_i 作为点,每两点之间连一条边. 这样就得到一个图,它有 C_m^2 条边. 由(ⅱ)得,A_i 与 A_t 之间连的边可标上 A_i 与 A_t 的唯一的公共元素 j. 标 j 的边恰出现 $C_{\frac{n-1}{2}}^2$ 次. 于是

$$C_m^2=nC_{\frac{n-1}{2}}^2. \tag{2}$$

由(1)式和(2)式不难解得$(m,n)=(1,3),(7,7)$.

注　例 2 中$(m,n)=(7,7)$的情况就是组合学中著名的“**有限射影平面**”. 如果将三元子集作为“**直线**”,那么它可以用图

3.6.1 表示.

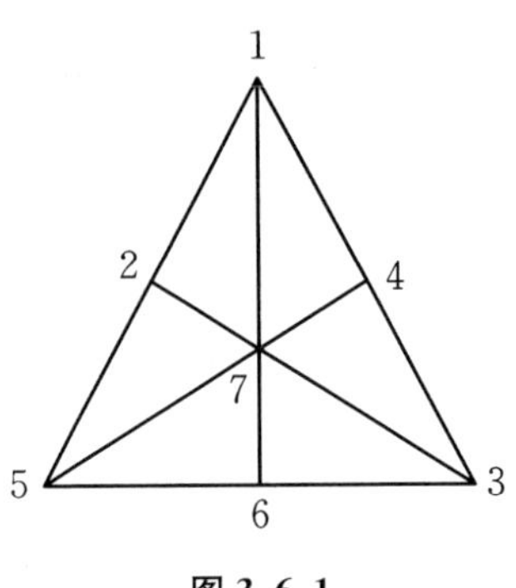

图 3.6.1

但第七条"直线"$\{2,4,6\}$无法在欧氏平面上画成真正的直线,颇有点遗憾.

3.7 三元子集族(Ⅱ)

本节再举一些有关三元子集族的问题.

例 1 已知 $\mathscr{A}$ 是 $X=\{1,2,\cdots,n\}$ 的一个三元子集族,$\mathscr{A}$ 中每两个元(子集)至多有一个公共元. 证明:X 有一个$[\sqrt{2n}]$元子集,它不包含 $\mathscr{A}$ 中任何元(三元子集).

证 考虑 X 的不包含 $\mathscr{A}$ 中任何元的子集. 这种子集一定存在,例如 X 的任一个二元子集均是这种子集. 在这种子集中,取一个元数最多的,设它为集 M. 我们只需证明 M 的元数 m 满足

$$m \geqslant [\sqrt{2n}]. \tag{1}$$

对 X 中每个 $i \notin M$,由 M 的最大性知,$\mathscr{A}$ 中必有一个元 $A_i \subseteq M \cup \{i\}$.

因为 A_i 不包含在 M 中,所以 $i \in A_i$. 设

$$A_i = \{i\} \cup B_i,$$

其中 B_i 是二元集,并且 $B_i \subseteq M$.

因为 $\mathscr{A}$ 中的每两个元 A_i,A_j 至多有一个公共元素,所以在

$i \neq j$ 时，$B_i \neq B_j$. 从而

$$i \mapsto B_i$$

是从 $X-M$ 到 M 的二元子集族的单射. 因此

$$n-m \leqslant \mathrm{C}_m^2 = \frac{m(m-1)}{2}.$$

从而

$$m^2+m-2n \geqslant 0,$$

$$m \geqslant \frac{-1+\sqrt{8n+1}}{2} > \sqrt{2n}-1,$$

即(1)式成立.

例 2　设例 1 中，$\mathscr{A}$ 的元数的最大值为 $f(n)$. 证明：

$$\frac{1}{6}(n^2-4n) \leqslant f(n) \leqslant \frac{1}{6}(n^2-n). \tag{2}$$

证　先估计 $f(n)$ 的上界，即证明(2)式右边的不等式.

每个三元子集 $\{i,j,k\}$ 含有三个二元子集 $\{i,j\}$，$\{j,k\}$，$\{i,k\}$.

由于 $\mathscr{A}$ 中每两个元(X 的三元子集)至多有一个公共元，所以 $\mathscr{A}$ 中每两个三元子集含有的二元子集均不相同.

X 的二元子集共有 C_n^2 个，所以

$$3f(n) \leqslant \mathrm{C}_n^2,$$

即

$$f(n) \leqslant \frac{1}{3}\mathrm{C}_n^2 = \frac{n^2-n}{6}.$$

估计 $f(n)$ 的下界应当用构造法. 构造出一批三元子集，个数$\geqslant \frac{1}{6}n(n-4)$，每两个的交至多含一个元素.

为此，考虑所有满足条件

$$i+j+k \equiv 0 \pmod{n} \tag{3}$$

(即 $i+j+k$ 被 n 整除)的三元子集$\{i,j,k\}$.

如果有 $i'=i, j'=j$，并且

$$i'+j'+k'\equiv i+j+k\equiv 0 \pmod n,$$

那么

$$k'\equiv k \pmod n. \tag{4}$$

当 $k', k\in\{1,2,\cdots,n\}$ 时，(4)式就是 $k'=k$. 所以满足(3)式的每两个(不同的)三元子集至多有一个公共元素.

现在来计算满足(3)式的三元子集 $\{i,j,k\}$ 的个数 s.

首先取 i，取法有 n 种. i 取定后再取 j，$j\neq i$，并且不满足同余方程

$$2i+j\equiv 0 \pmod n$$

(即当 $2i<n$ 时，$j\neq n-2i$；当 $2i\geqslant n$ 时，$j\neq 2n-2i$)及

$$i+2j\equiv 0 \pmod n$$

$\left(\text{即 } j\neq\dfrac{n-i}{2}, j\neq\dfrac{2n-i}{2}\right)$. 因此，$j$ 至少有 $n-4$ 种选择. i, j 确定后，由(3)式 k 也随之确定，而且与 i, j 均不相同. 所以 $s\geqslant\dfrac{1}{6}n(n-4)$. 从而(2)式的另一半成立.

例 3 设 $\mathscr{A}$ 是 $X=\{1,2,\cdots,n\}$ 的一个三元子集族，$n=6k$. 若 X 的每个二元子集均至少包含在 $\mathscr{A}$ 的一个元(X 的三元子集)中，证明：$\mathscr{A}$ 至少有 $\dfrac{n^2}{6}$ 个元.

证 含有 1 的二元子集有 $n-1$ 个. 每个含 1 的三元子集包含两个含 1 的二元子集. 因此，至少有 $\left\lceil\dfrac{n-1}{2}\right\rceil=3k$ 个含 1 的三元子集，才能使含 1 的二元子集都至少被 1 个三元子集包含.

对含 $2,3,\cdots,n$ 的二元子集进行同样的讨论. 因为每个三元子集含 3 个元，所以 $\mathscr{A}$ 中至少有

$$\frac{3k\times n}{3}=\frac{n^2}{6}$$

个元(X 的三元子集).

另一方面，可以造出$\frac{n^2}{6}$个三元子集，使得 X 的每个二元子集均至少包含在一个三元子集中，但构造较为复杂，留在 3.9 节中详细说明.

因此，$\mathscr{A}$ 至少含$\frac{n^2}{6}$个元.

例 4　设 $l=\frac{n^2}{6}$，$\mathscr{A}=\{A_1,A_2,\cdots,A_l\}$是例 3 中所说的三元子集族，$X$ 的每一个二元子集至少包含在一个 $A_j(1\leqslant j\leqslant l)$中. 证明：$X$ 可以拆成 $3k$ 个两两无公共元的二元子集 $P_1,P_2,\cdots,P_{3k}$，每一个 P_i 恰包含在两个 A_j 中，而 X 的其他二元子集恰含于一个 A_j 中.

证　因为 $l=\frac{n^2}{6}$，所以由例 3 的推导可知含有元 i 的三元子集 A_j 恰好$\frac{n}{2}(=3k)$个.

每个含 i 的三元子集包含两个含 i 的二元子集，$\frac{n}{2}$个 A_j 共包含 n 个含 i 的二元子集. 含 i 的不同的二元子集共 $n-1$ 个，每一个均至少在一个 A_j 中出现，所以恰有一个含 i 的二元子集在诸 A_j 中共出现两次.

设$\{i,t\}$出现两次. 同样地，含 t 的二元子集中恰有一个被两个 A_j 包含，而且这个子集就是$\{i,t\}$. 于是，X 的元素两两配对，共得 $3k$ 个二元子集 $P_1,P_2,\cdots,P_{3k}$. 每个 P_s(例如$\{i,t\}$)恰含于两个 A_j 中，而 X 的其他二元子集均含于一个 A_j 中.

3.8　Steiner 三连系

如果 $\mathscr{A}$ 是集 $X=\{1,2,\cdots,n\}$的一个三元子集族，使得 X 的每个二元子集都恰好是 $\mathscr{A}$ 中一个元的子集，那么就称 $\mathscr{A}$ 为一个 n **阶 Steiner 三连系**.

下面分别列举了阶数是 3,7,9 的 Steiner 三连系：

$n=3$,{1,2,3}；

$n=7$,{1,2,4},{2,3,5},{3,4,6},{4,5,7},
{5,6,1},{6,7,2},{7,1,3}；

$n=9$,{1,2,3},{4,5,6},{7,8,9},
{1,4,7},{2,5,8},{3,6,9},
{1,5,9},{2,6,7},{3,4,8},
{1,6,8},{2,4,9},{3,5,7}.

其中 7 阶 Steiner 三连系实际上就是 3.6 节例 2 所说的二阶射影平面，只是记号有所不同. 如果将这里的 4,3,6,7 分别改成 3,7,4,6，那么结果就完全一样. 其实 3.6 节例 2 中的图，顶点可任意地标记 1～7，所得的三连系都是同构的.

例 1　证明：Steiner 三连系存在时，

$$n\equiv 1 \text{ 或 } 3 \pmod 6). \tag{1}$$

证　设 $\mathscr{A}=\{A_1,A_2,\cdots,A_b\}$ 的元数为 b. 考虑 X 的 C_n^2 个二元子集. 每个二元子集恰在 $A_1,A_2,\cdots,A_b$ 的一个中出现，共出现 C_n^2 次.

另一方面，每个 A_j 包含 3 个二元子集，$A_1,A_2,\cdots,A_b$ 共包含 $3b$ 个二元子集. 所以

$$3b=C_n^2,$$

即

$$b=\frac{n(n-1)}{6}. \tag{2}$$

由于 b 是整数，从(2)式得到

$$n=1,3,4,6 \pmod 6). \tag{3}$$

再考虑 X 中含 1 的二元子集. 显然这样的子集共 $n-1$ 个. 若 $A_1,A_2,\cdots,A_b$ 中有 r 个含 1，则由于含 1 的 A_j 包含两个含 1 的二元子集，每个二元子集恰在 $A_1,A_2,\cdots,A_b$ 的一个中出现，所以

$$2r = n - 1,$$

即

$$r = \frac{n-1}{2}. \tag{4}$$

(4)式表明 n 是奇数，结合(3)式即得(1)式.

条件(1)也是充分的. Steiner 曾于 1853 年提出这一问题，1859 年为 Reiss 解决. 其实在他们之前，Kirkman 已于 1847 年提出并解决了这个问题. 证法很多，限于篇幅，这里不做介绍.

例 2　如果有 n_1 阶和 n_2 阶的 Steiner 三连系 $\mathscr{A}_1$ 和 $\mathscr{A}_2$，那么就有 n_1n_2 阶 Steiner 三连系.

证　设 $\mathscr{A}_1$，$\mathscr{A}_2$ 分别为 $X_1=\{a_1, a_2, \cdots, a_{n_1}\}$，$X_2=\{b_1, b_2, \cdots, b_{n_2}\}$的三元子集族. 作 n_1n_2 元集

$$X_3 = \{a_ib_j \mid 1 \leqslant i \leqslant n_1, 1 \leqslant j \leqslant n_2\}.$$

再作 X_3 的三元子集族 $\mathscr{A}_3$ 如下：

$$\{a_ib_r, a_jb_s, a_kb_t\} \in \mathscr{A}_3,$$

当且仅当

(i) $r=s=t$，$\{a_i, a_j, a_k\} \in \mathscr{A}_1$；

(ii) $i=j=k$，$\{b_r, b_s, b_t\} \in \mathscr{A}_2$；

(iii) $(a_i, a_j, a_k\} \in \mathscr{A}_1$，$\{b_r, b_s, b_t\} \in \mathscr{A}_2$

之一成立.

现在证明 $\mathscr{A}_3$ 是 X_3 的 Steiner 三连系.

设$\{a_ib_r, a_jb_s\}$是 X_3 的一个二元子集. 若 $i=j$，则因为$\{b_r, b_s\}$恰被 $\mathscr{A}_2$ 的一个元$\{b_r, b_s, b_t\}$包含，所以$\{a_ib_r, a_jb_s\}$恰被 $\mathscr{A}_3$ 中一个元$\{a_ib_r, a_ib_s, a_ib_t\}$包含. 若 $r=s$，则情况同上. 若 $i\neq j$，$r\neq s$，则$\{a_i, a_j\}$恰被 $\mathscr{A}_1$ 中一个元$\{a_i, a_j, a_k\}$包含，$\{b_r, b_s\}$恰被 $\mathscr{A}_2$ 中一个元$\{b_r, b_s, b_t\}$包含，所以$\{a_ib_r, a_jb_s\}$恰被 $\mathscr{A}_3$ 中一个元$\{a_ib_r, a_jb_s, a_kb_t\}$包含.

下面是 Kirkman 的**女生问题**，非常著名.

例 3　十五名女生，每天分成五组，每组三人，外出散步. 问

能否在一周的七次散步中,每两名女生恰有一次在同一组?

解 下面给出一种排法:

一:{1,2,5},{3,14,15},{4,6,12},{7,8,11},{9,10,13};

二:{1,3,9},{2,8,15},{4,11,13},{5,12,14},{6,7,10};

三:{1,4,15},{2,9,11},{3,10,12},{5,7,13},{6,8,14};

四:{1,6,11},{2,7,12},{3,8,13},{4,9,14},{5,10,15};

五:{1,8,10},{2,13,14},{3,4,7},{5,6,9},{11,12,15};

六:{1,7,14},{2,4,10},{3,5,11},{6,13,15},{8,9,12};

日:{1,12,13},{2,3,6},{4,5,8},{7,9,15},{10,11,14}.

一个阶数为 $6k+3$ 的 Steiner 三连系,如果它的 $b=(2k+1)\cdot(3k+1)$ 个元可以分成 $3k+1$ 组,每组含 $2k+1$ 个元,并且原来集合的 $6k+3$ 个元,在每一组的 $2k+1$ 个三元子集中恰好各出现一次,那么这个三连系就称为 Kirkman **三连系**. 十五个女生问题就是构造一个 $k=2$ 的 Kirkman 三连系.

Steiner 三连系等是区组设计中的课题,原先只是娱乐的数学,现在发现在科学试验的设计方法中有重要作用.

一个 n 元集 X,可以有很多个 Steiner 三连系. 由于 n 元集有 C_n^3 个三元子集,每个 Steiner 三连系有 $b=\dfrac{n(n-1)}{6}$ 个元(X 的三元子集),所以 X 至多有

$$\frac{C_n^3}{b}=n-2$$

个两两无公共元的 Steiner 三连系. 如果恰有 $n-2$ 个两两无公共元的 Steiner 三连系,那么就称这 $n-2$ 个 Steiner 三连系为一个大集. 一百三十多年来许多数学家研究过大集的存在问题,直至 1984 年,我国数学家陆家羲在连续的六篇论文中证明了对于

$$n>7,\quad n\equiv 1,3 \pmod 6$$

的 n 值,除六个可能的例外值,都有大集存在. 从而基本上解决了这一问题. 对六个例外值,陆家羲已有腹稿,但因心脏病猝然

去世,未能完成.

3.9　构造

很多组合问题,也就是集合与元素的配置问题,需要构造出符合要求的实例(如上节的女生问题). 这一节我们举几个构造的例题.

例1　$2n$ 个学生每天出去散步,每两人一组,如果每一对学生至多在一起散步一次. 这样的散步可以持续多少天?

解　因为每个人有 $2n-1$ 个同学,所以散步至多持续 $2n-1$ 天. 我们证明只要适当安排,确实可以持续散步 $2n-1$ 天.

为此作图 3.9.1,用 $0,1,\cdots,2n-1$ 表示 $2n$ 个学生,第一次散步用线表示,即图中的

$$\{0,1\},\{2,2n-1\},\{3,2n-2\},\cdots,\{n,n+1\}.$$

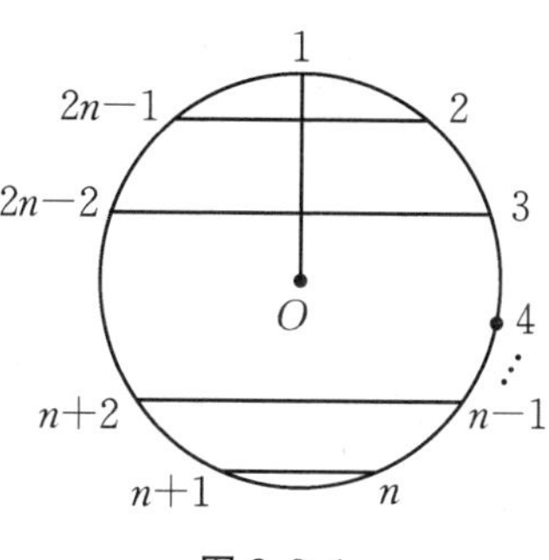

图 3.9.1

然后绕 O 旋转,每次转过的角度为$\dfrac{2\pi}{2n-1}$,这样就得到了 $2n-1$ 次散步的安排(例如第 2 次散步为$\{0,2\},\{1,3\},\{2n-1,4\},\cdots,\{n+2,n+1\}$).

n 个点,每两点之间连一条边,所得的图称为**完全图** K_n. 例 1 表明完全图 K_{2n} 的 C_{2n}^2 条边可以分 $2n-1$ 组,每组 n 条,而且这 n 条两两无公共(端)点. 这样的一组边称为图的一个 1 -**因**

子(1 意指每个点只引出一条边,即每个元只属于一个二元子集)或一个**完全匹配**.

现在我们来完成 3.7 节例 3 的剩余部分.

例 2 设 $n=6k$,试构造 $X=\{1,2,\cdots,n\}$的一个三元子集族 $\mathscr{A}=\{A_1,A_2,\cdots,A_l\}$,$l=\dfrac{n}{6}$,使得 X 的每个二元子集均至少包含在 $\mathscr{A}$ 的一个元中.

解 将 X 用 n 个点 $1,2,\cdots,n$ 表示,形成一个完全图 K_n,每个二元子集是 K_n 的一条边.

问题即在这图中找$\dfrac{n^2}{6}$个三角形,"吸收"所有的边(线).

$n=6(k=1)$的情况很简单:三角形(即三元子集)

$$\{1,2,3\},\{1,2,4\},\{3,4,5\},$$
$$\{3,4,6\},\{5,6,1\},\{5,6,2\},$$

即为所求(参见图 3.9.2 左半边).

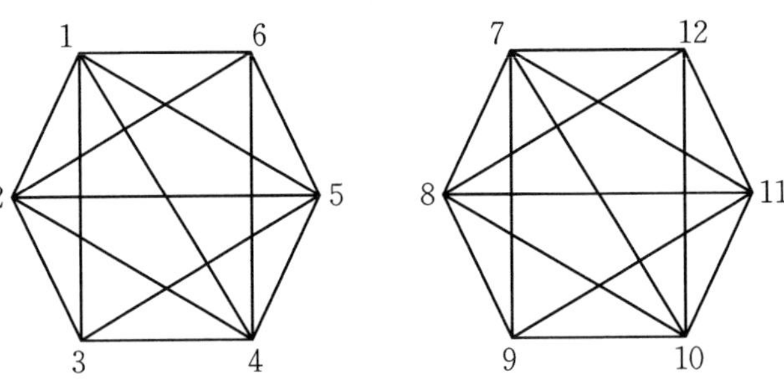

图 3.9.2

其中$\dfrac{n}{2}(=3)$条边$\{1,2\}$,$\{3,4\}$,$\{5,6\}$出现两次,其他的边恰出现一次,这在 3.7 节例 4 中已经说过. 以下各种情况也均如此.

$n=12$ 时,首先注意图 3.9.2 右半边,根据例 1,可以分成 5

个1-因子(下面简称为因子),每一个由三对无公共点的边(线)组成.将其中一个因子重复一次,共得6个因子.图3.9.2左半边的6个顶点各与一个因子搭配,一个顶点与一个因子形成3个三角形,共得18个三角形.图3.9.2左半边的K_6,根据上一段,可分成6个三角形(其中三条边出现两次).这样形成的24个三角形即为所求.

$n=18$时,考虑Ⅰ,Ⅱ,Ⅲ三个K_6.Ⅱ,Ⅲ两个K_6之间有$6\times6=36$条边,可以分为6组(设$b_i,c_i(i=1,2,\cdots,6)$,分别为Ⅱ,Ⅲ的顶点,则第j组是$\{b_1c_{1+j},b_2c_{2+j},\cdots,b_6c_{6+j}\}(j=0,1,2,3,4,5)$,并约定$C_{k+6}=c_k$),每一组与Ⅰ的一个顶点配合得到36个三角形.又根据上面所证,Ⅰ,Ⅱ,Ⅲ均可分成6个三角形(各有3条边出现两次).这些三角形满足要求.

假设对于$n=6h<6k$,均可分成合乎要求的三角形.考虑$n=6k$.

若$k=4m$,考虑两个K_{12m}:Ⅰ与Ⅱ.根据归纳假设知,Ⅰ可以分成三角形满足要求.如果将Ⅱ看成K_{2n}(每个顶点是一个K_6),那么它有$2m-1$个因子,每个因子由m条边组成,每条边就是上面$n=18$时,Ⅱ,Ⅲ两个K_6之间的36条边.Ⅰ也可以看成K_{2m}(每个顶点是一个K_6),将它的$2m-1$个顶点与上述$2m-1$个因子搭配成$2m-1$组,多余一个顶点.每一组与上面$n=18$时,Ⅰ与Ⅱ,Ⅲ之间的边搭配的情况类似,共得$m\times36$个三角形.Ⅰ中多余一个顶点即一个K_6,将它与Ⅱ中$2m$个K_6的每一个搭配,搭配情况如$n=12$的情况(Ⅰ中的K_6在图3.9.2的左边,它不必再分成三角形,因为作为Ⅰ的一部分,业已用归纳假设分妥).整个图形共分成

$$\frac{(6\times2m)^2}{6}+(2m-1)\times m\times36+2m\times18=\frac{n^2}{6}$$

个三角形,合乎要求.

若$n=6(4m+2)$,考虑Ⅰ,Ⅱ两个图,Ⅰ是K_{12m},Ⅱ是

$K_{6(2m+2)}$. 根据归纳假设知，Ⅰ可分成三角形满足要求. 将Ⅱ看成 K_{2m+2}(每个顶点是一个 K_6)，它有 $2m+1$ 个因子. Ⅰ也可以看成 K_{2m}，将它的顶点与上述因子搭配，多余一个因子. 搭配成的每一组可分成三角形. 多出的一个因子即 $2m$ 个 K_6，两两搭配. 每一对 K_6 搭配情况和上面 $n=12$ 相同.

若 $n=6(4m+3)$，则考虑Ⅰ，Ⅱ两个图，Ⅰ是 $K_{6(2m+1)}$，Ⅱ是 $K_{6(2m+2)}$. Ⅰ用归纳假设分成三角形. Ⅱ可看成 K_{2m+2}，有 $2m+1$ 个因子，每一个与Ⅰ的一个顶点搭配. K_{2m+2}(即Ⅱ)的每个顶点是 K_6，每一个均分成 6 个三角形(按 $n=6$ 时的做法).

若 $n=6(4m+1)$，则考虑Ⅰ，Ⅱ两个图，Ⅰ是 $K_{6(2m-1)}$，Ⅱ是 $K_{6(2m+2)}$. Ⅰ用归纳法完成分解. Ⅱ看成 K_{2m+2}，它的因子与Ⅰ搭配后多出两个因子. 每个因子有 m 条边无公共端点，第一个因子的边 $\{1,2\}$ 的两端各有一条属于第二个因子的边，不妨设一条为 $\{2,3\}$. 3 又接上第一个因子的边 $\{3,4\}$……依此类推. 因为边共 $2m$ 条，所以上述过程不能无限继续下去，必然形成圈. 圈上的边交错地属于两个因子(图 3.9.3)，因而圈为偶圈(即圈上的边数为偶数). 因为每个点在一个因子中恰出现一次，所以圈上的点不与圈外的点相连. 对圈外的点进行同样讨论. 我们得出：两个因子组成若干个偶圈.

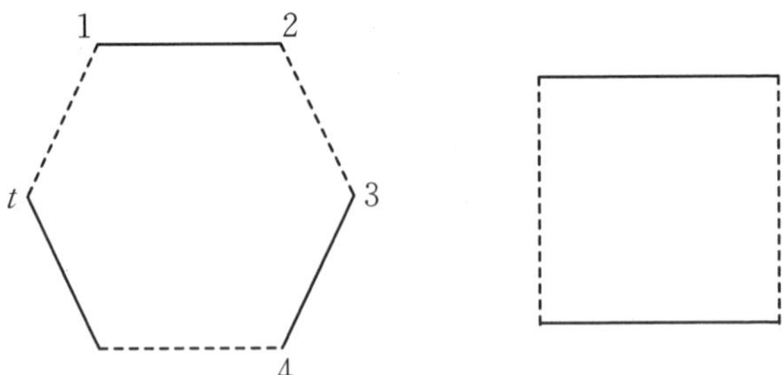

第一因子的边为实线，第二因子的边为虚线.

图 3.9.3

每个偶圈的顶点都是 K_6. 对于图 3.9.3 中的第一个圈，按照 $n=12$ 的情况可以将 1,2 间的连线及 2 分成三角形(作为图 3.9.2 左边 K_6 的 1 暂时不动). 同样处理 2 与 3……最后处理 t 与 1. 这样每个 K_6 及每两个相邻的 K_6 间连线已被分成三角形. 其他的偶图亦照此处理.

于是对一切 $n=6k$ 均可构造出合乎要求的三元子集族 $\mathscr{A}$.

注　上面的构造借助了归纳法，可称为归纳构造. 在构造复杂图形(子集族)时经常采用.

3.10　分拆(Ⅰ)

如果集合 $X=A_1\cup A_2\cup\cdots\cup A_k$，并且集合 $A_1,A_2,\cdots,A_k$ 中每两个的交都是空集，那么 $A_1,A_2,\cdots,A_k$ 称为 X 的一个**分拆**.

例 1　设 $A_1,A_2,\cdots,A_m;B_1,B_2,\cdots,B_m;C_1,C_2,\cdots,C_m$ 是集合 X 的三个分拆. 若对每组 i,j,k，均有

$$|A_i\cap B_j|+|A_i\cap C_k|+|B_j\cap C_k|\geqslant m,\tag{1}$$

证明：X 的元数 $n\geqslant\dfrac{m^3}{3}$，并且在 m 被 3 整除时，元数 $n=\dfrac{m^3}{3}$ 的集合 X 有三个分拆满足题述条件.

证　在(1)式左边用 $i=1,2,\cdots,m$ 代入然后求和，得

$$|B_j|+|C_k|+m|B_j\cap C_k|\geqslant m^2.\tag{2}$$

(因为 $|A_1\cap B_j|+|A_2\cap B_j|+\cdots+|A_m\cap B_j|=|(A_1\cup A_2\cup\cdots\cup A_m)\cap B_j|=|X\cap B_j|=|B_j|$.)

同样，在(2)式的左边用 $j=1,2,\cdots,m$ 代入并求和，得

$$n+m|C_k|+m|C_k|\geqslant m^3.\tag{3}$$

最后，在(3)式的左边用 $k=1,2,\cdots,m$ 代入并求和，得

$$mn+mn+mn\geqslant m^4,\tag{4}$$

即

$$n\geqslant\frac{m^3}{3}.\tag{5}$$

若 $m=3s$，考虑 m^2 个集合 $M_{11},M_{12},\cdots,M_{mm}$，每个集合有 s 个元，并且两两不相交（例如 M_{11} 是 $\{1,2,\cdots,s\}$，M_{12} 是 $\{s+1,s+2,\cdots,2s\}$，$\cdots$，M_{mm} 是 $\{9s^3-s+1,9s^3-s+2,\cdots,9s^3\}$ 即可）.

记 X 为集合

$$\begin{aligned}&M_{11},M_{12},\cdots,M_{1m};\\&M_{21},M_{22},\cdots,M_{2m};\\&\cdots\cdots\\&M_{m1},M_{m2},\cdots,M_{mm}.\end{aligned}\tag{6}$$

的并. 又令

$$A_i=\bigcup_{j=1}^{m}M_{ij}\quad(i=1,2,\cdots,m),$$

$$B_j=\bigcup_{i=1}^{m}M_{ij}\quad(j=1,2,\cdots,m),$$

$$C_k=\bigcup_{j=1}^{m}M_{j,k+j-1}\quad(k=1,2,\cdots,m,\text{约定 }M_{j,m+t}=M_{jt}).$$

则显然有 $A_1,A_2,\cdots,A_m;B_1,B_2,\cdots,B_m;C_1,C_2,\cdots,C_m$ 都是 X 的分拆.

注意 A_i 是对(6)式中第 i 行的集合求并，B_j 是对(6)式中第 j 列的集合求并，所以

$$|A_i\cap B_j|=|M_{ij}|=\frac{m}{3}.$$

同样，C_k 是对(6)式中一条对角线（不同行不同列）的集合求并（如果将(6)式在右面重写一遍，那么 C_k 就是从左上到右下的第 k 条对角线的集合的并），所以

$$|A_i\cap C_k|=\frac{m}{3},\quad |B_j\cap C_k|=\frac{m}{3}.$$

下面两个问题涉及分拆的个数与分拆的链的个数.

例 2 若 n 元集 X 的分拆 $A_1,A_2,\cdots,A_m$ 中有 k_1 个一元集，k_2 个二元集，……，k_n 个 n 元集（$k_1+k_2+\cdots+k_n=m$，$1k_1+2k_2+\cdots+nk_n=n$，$k_1,k_2,\cdots,k_n$ 都是非负整数），则称这个分拆

为形如 $1^{k_1}\cdot 2^{k_2}\cdot\cdots\cdot n^{k_n}$ 的分拆. 求这种分拆的个数.

解　每一个形如 $1^{k_1}\cdot 2^{k_2}\cdot\cdots\cdot n^{k_n}$ 的分拆,可以将它们的元素依下法排列:

先排一元集的元素(有 $k_1!$ 种排法),再排二元集的元素,各集的顺序有 $k_2!$ 种,每个集的元素有两种排法,共有 $(2!)^{k_2}\cdot k_2!$ 种排法. 依此类推,k_j 个元集有 $(j!)^{k_j}\cdot k_j!$ 种排法. 共产生 $1^{k_1}\cdot k_1!\cdot 2^{k_2}\cdot k_2!\cdot\cdots\cdot(n!)^{k_n}\cdot k_n!$ 个排列.

每两个不同的形如 $1^{k_1}\cdot 2^{k_2}\cdot\cdots\cdot n^{k_n}$ 的分拆,至少有一个不同的集,因此用上法产生的排列互不相同.

另一方面,对 n 个元的任一排列,前 k_1 个元产生 k_1 个元集,它们后面的 $2k_2$ 个元产生 k_2 个二元集(每连续二个元组成一个集),依此类推,得出一个形如 $1^{k_1}\cdot 2^{k_2}\cdot\cdots\cdot n^{k_n}$ 的分拆,所给排列正是这个分拆用上法产生的排列.

这样,用上法恰好产生全部 $n!$ 个排列,既无重复也无遗漏,所以 $1^{k_1}\cdot 2^{k_2}\cdot\cdots\cdot n^{k_n}$ 形的分拆共有

$$\frac{n!}{1^{k_1}\cdot k_1!\cdot 2^{k_2}\cdot k_2!\cdot\cdots\cdot(n!)^{k_n}\cdot k_n!}$$

个.

例 3　设 $P_m=\{A_1,A_2,\cdots,A_m\}$ 是 n 元集 X 的一个分拆(即 $A_1,A_2,\cdots,A_m$ 是 X 的分拆). 将其中某个 A_i 再拆为两个集,这就产生 X 的一个分拆 P_{m+1},它由 $m+1$ 个集组成. P_{m+1} 称为 P_m 的加细. 若

$$P_1,P_2,\cdots,P_n \tag{7}$$

都是 n 元集 X 的分拆,并且每一个是前一个的加细(显然这时 P_n 由 n 个集组成,而 P_1 仅由一个集即 X 组成),则称(7)式为长为 n 的链. 求长为 n 的链的个数.

解　由 X 逐步加细可以产生长为 n 的链(7)式. 这一过程也可以反过来:从 n 个一元集组成的分拆 P_n 出发,将其中两个集合并得到 P_{n-1},再将 P_{n-1} 中两个集合并起来得到 P_{n-2},……

一般地,设已有 $P_n,P_{n-1},\cdots,P_{k+1}$. 将 P_{k+1} 任两个集合并起来得到 P_k,由于 P_{k+1} 由 $k+1$ 个集组成,所以 P_k 有 C_{k+1}^2 种. 从而长为 n 的链共有

$$\prod_{k=1}^{n-1} C_{k+1}^2 = \frac{n!(n-1)!}{2^{n-1}}$$

种.

3.11 分拆(Ⅱ)

上节关于分拆的问题,均与 n 元集 X 的元素无关(仅与元数有关). 本节的问题与元素密切相关. 我们限定 $X=\{1,2,\cdots,n\}$.

例 1 设 A,B,C 为 X 的一个分拆,并且从 A,B,C 中各取一个数时,最大的不等于另两个的和. 证明

$$|A|=|B|=|C| \tag{1}$$

不成立.

证 不妨设 $1\in A$,$B\cup C$ 中的最小数 $b\in B$. 设 C 中的数为

$$c_1<c_2<\cdots<c_k. \tag{2}$$

若有 $c_{i+1}-c_i=1$,不妨设 i 是满足这一条件的最小下标,考虑 c_i-b 与 c_i-b+1 的归属.

因为 $b\in B$,而

$$(c_i-b)+b=c_i,$$
$$(c_i-b+1)+b=c_{i+1},$$

所以 c_i-b,c_i-b+1 均不属于 A.

又$(c_i-b)+1=c_i-b+1$,所以 c_i-b 与 c_i-b+1 不能分别属于 B,C. 由 i 的最小性得,差为 1 的 c_i-b 与 c_i-b+1 不能同属于 C,因此,c_i-b 与 c_i-b+1 只能同属于 B. 但比 b 更小的 $b-1\in A$,$(b-1)+(c_i-b+1)=c_i\in C$,与已知矛盾.

因此,恒有 $c_{i+1}-c_i\geqslant 2(i=1,2,\cdots,k-1)$.

这时 $c_i-1\notin B$(因为 $1+(c_i-1)=c_i$),所以 $c_i-1\in A$. $A\supseteq$

$\{1, c_1-1, c_2-1, \cdots, c_k-1\}$，从而

$$|A| \geqslant |C|+1 > |C|,$$

即(1)式不成立.

(1)式表明 $\min(|A|, |B|, |C|) < \frac{n}{3}$. 更精确的结果是下面的(3)式.

例 2 条件同例 1. 证明：

$$\min(|A|, |B|, |C|) \leqslant \frac{n}{4}. \tag{3}$$

证 例 1 中已经证明恒有

$$c_{i+1} - c_i \geqslant 2 \quad (i = 1, 2, \cdots, k-1).$$

若所有 $c_{i+1} - c_i \geqslant 3$，则

$$c_1 - 1, c_2 - 1, \cdots, c_k - 1, c_1 + 1, c_2 + 1, \cdots, c_k + 1$$

均不在 C 中，也均不在 B 中(因为 $1+(c_i-1)=c_i$，$1+c_i=c_i+1$，$1 \in A$，$c_i \in C$). 因此，上述 $2k$ 个数及 1 均在 A 中，$|A|>2k$. 若 $|B| \geqslant k$，则 $|C|=k \leqslant \frac{n}{4}$. 若 $|B|<k$，则 $|B|<\frac{n}{4}$. (3)式成立.

以下设有 $c_{i+1}-c_i=2$ 且 i 是满足这一条件的最小下标.

若 $b \geqslant 3$，则 $2, b-2 \in A$. 考虑 c_i-b 与 c_i-b+2. 因为

$$(c_i - b) + b = c_i,$$

$$(c_i - b + 2) + b = c_{i+1},$$

所以 c_i-b, c_i-b+2 均不属于 A.

又$(c_i-b)+2=c_i-b+2$，$2 \in A$，所以 c_i-b 与 c_i-b+2 不能分别属于 B, C. 由 i 的最小性得，c_i-b 与 c_i-b+2 只能同属于 B. 但$(b-2)+(c_i-b+2)=c_i$，矛盾.

因此 $b=2$. 我们先证明$<c_i$ 的奇数 t 及 c_i-t 均在 A 中.

$t=1$ 是显然的. 设对 t 结论成立，$t+2<c_i$. 因为 $t \in A$，$2 \in B$，所以 $t+2 \notin C$. 因为 $c_i-t \in A$，$(c_i-t)+(t+2)=c_{i+1} \in C$，所以 $t+2 \notin B$. 从而 $t+2 \in A$. 因为$(c_i-(t+2))+(t+2)=c_i \in C$，

所以 $c_i-(t+2)\notin B$. 又 $(c_i-(t+2))+2=c_i-t\in A$,所以 $c_i-(t+2)\notin C$. 从而 $c_i-(t+2)\in A$. 于是上述断言成立.

若 c_i 是奇数,则根据上面所证 $c_i-2\in A$. 但 $(c_i-2)+2=c_i\in C$,矛盾. 所以 c_i 是偶数.

我们再证明大于 c_i(不超过 n)的奇数 c_i+t 均在 A 中.

$t=1$ 显然. 设小于或等于 c_i+t 的奇数都在 A 中,$c_i+t+2<n$. 因为 $(c_i+t)+2=c_i+t+2$,所以 $c_i+t+2\notin C$. 又 $t+2<c_i+t$,由归纳假设得 $t+2\in A$. 而 $c_i+(t+2)=c_i+t+2$,所以 $c_i+t+2\notin B$. 从而 $c_i+t+2\in A$. 断言成立.

于是 $\{1,2,\cdots,n\}$ 中的奇数均在 A 中,从而 $|B\cup C|\leqslant\dfrac{n}{2}$, $\min(|B|,|C|)\leqslant\dfrac{n}{4}$. 即(3)式成立.

如果 A 由 $1,2,\cdots,4m$ 中的奇数组成,B,C 从剩下的数中各取一半,那么 A,B,C 满足要求($n=4m$),并且 $\min(|A|,|B|,|C|)=\dfrac{n}{4}$. 所以估计(3)式是最佳的.

下面的例 3 则是构造性的.

例 3 证明:有无穷多个 $n=3m$,使得集合 $X=\{1,2,\cdots,n\}$ 有分拆

$$\begin{aligned}A&=\{a_1,a_2,\cdots,a_m\},\\ B&=\{b_1,b_2,\cdots,b_m\},\\ C&=\{c_1,c_2,\cdots,c_m\},\end{aligned}\tag{4}$$

满足:

$$a_i+b_i=c_i\quad(i=1,2,\cdots,m).\tag{5}$$

证 显然 $\{1,2,3\}=\{1\}\cup\{2\}\cup\{3\}$ 满足 $1+2=3$. 设对于 m 有形如(4)式的 $\{1,2,\cdots,3m\}$ 的分拆满足(5)式. 令

$$A_1=2A\cup\{1,3,\cdots,6m+1\},$$
$$B_1=2B\cup\{9m+2,9m+1,\cdots,6m+2\},$$

$$C_1 = 2C \cup \{9m+3, 9m+4, \cdots, 12m+3\},$$

其中 $2A$ 表示将 A 中每一个元素乘以 2 所得的集合. 不难验证 A_1, B_1, C_1 是 $\{1, 2, \cdots, 12m+3\}$ 的分拆,而且满足相应于(5)式的等式.

于是,对无穷多个自然数 n(例如 $3, 3\times5, \cdots, 3\times(4m+1), \cdots$),$X$ 有分拆满足(5)式,即命题成立.

更强的结论是例 4.

例 4　证明:$X=\{1,2,\cdots,n\}$ 有分拆(4)式满足(5)式的充分必要条件是 $n=3\times4k$ 或 $3\times(4k+1)$.

证　如果有分拆(4)满足(5)式,那么 $n=3m$ 并且

$$1+2+\cdots+(3m) = \frac{(1+3m)\cdot 3m}{2} \tag{6}$$

是 C 中元素的和的 2 倍. (6)式是偶数,所以

$$m = 4k \text{ 或 } 4k+1. \tag{7}$$

(7)式也是充分条件.

当 $m=4k$ 时,可排下表:

1	2	3	4	…	$2k-3$	$2k-2$	$2k-1$	$2k$	$2k+1$	…	$4k-4$	$4k-3$	$4k-2$	$4k-1$	$4k$
$11k$	$6k$	$10k-1$	$6k-1$	…	$9k+2$	$5k+2$	$8k+2$	$5k+1$	$9k+1$	…	$4k+3$	$8k+3$	$4k+2$	$6k+1$	$4k+1$
$11k+1$	$6k+2$	$10k+2$	$6k+3$	…	$11k-1$	$7k$	$10k+1$	$7k+1$	$11k+2$	…	$8k-1$	$12k$	$8k$	$10k$	$8k+1$

第一行自左到右由 1 排至 $4k$. 第二行自右到左,排 $4k+1, 4k+2, \cdots, 6k$,间隔为 1;然后在 $4k-1, 2k-1, 1$ 的下方分别排 $6k+1, 8k+2, 11k$,其余地方自右到左排 $8k+3, 8k+4, \cdots, 10k-1$. 第三行的元素是前两行同列元素的和.

将这三行作为 A, B, C 即满足要求.

当 $m=4k+1(k\geqslant3)$时,可排相应的表:

1	3	5	7	…	$4k+1$	$4k$	$2k+2$	2	4	…	$2k$	$2k+4$	…	$4k-2$
$11k+4$	$6k+1$	$6k$	$6k-1$	…	$4k+2$	$6k+3$	$6k+2$	$10k+2$	$10k+1$	…	$9k+3$	$9k+2$	…	$8k+5$
$11k+5$	$6k+4$	$6k+5$	$6k+6$	…	$8k+3$	$10k+3$	$8k+4$	$10k+4$	$10k+5$	…	$11k+3$	$11k+6$	…	$12k+3$

而当 $m=5, 9$ 时,表如下:

1	2	3	4	5
7	13	9	10	6
8	15	12	14	11

1	2	3	4	5	6	7	8	9
12	23	14	22	15	21	11	16	10
13	25	17	26	20	27	18	24	19

本题与 Langford 问题密切相关,参见《对应》(王子侠,单墫著,科技文献出版社 1989 年出版).

3.12 覆盖

集合 X 的覆盖是指 X 的一族(互不相同的非空)子集 A_1, A_2,…,A_k,它们的并集 $A_1\cup A_2\cup\cdots\cup A_k=X$.

例 1 $X=\{1,2,\cdots,n\}$ 的覆盖共有多少个($A_1,A_2,\cdots,A_k$ 的顺序不予考虑)?

解 X 的非空子集共有 2^n-1 个,它们共组成 2^{2^n-1} 个子集族.其中不含某一元素 i 的子集组成的族有 $2^{2^{n-1}-1}$ 个,不含某两个元素的子集组成的族有 $2^{2^{n-2}-1}$ 个,……于是由容斥原理知,X 的覆盖共有

$$2^{2^n-1}-C_n^1 2^{2^{n-1}-1}+C_n^2\cdot 2^{2^{n-2}-1}-\cdots=\sum_{j=0}^{n}(-1)^j C_n^j 2^{2^{n-j}-1}$$

个.

例 2 若 $A_1,A_2,\cdots,A_k$ 是 X 的覆盖,并且 X 的每一个元素恰属于 $A_1,A_2,\cdots,A_k$ 中的两个集,则称 $A_1,A_2,\cdots,A_k$ 为 X 的双覆盖.求 $k=3$ 的双覆盖的个数.

解 X 中每一元素属于 A_1,A_2,A_3 中的某两个,因而有三种可能.n 个元素的归属共有 3^n 种可能.除去 A_1,A_2,A_3 中恰有一个为空集的三种情况,共有 3^n-3 种.由于 A_1,A_2,A_3 的顺序不予考虑,所以 $k=3$ 的双覆盖共有 $\dfrac{3^n-3}{3!}$ 个.

注 设由 k 个集组成的双覆盖有 a_k 个,则

$$a_k=\frac{1}{k!}((C_k^2)^n-ka_{k-1}).$$

例 3 设 $A_1,A_2,\cdots,A_k$ 是 $X=\{1,2,\cdots,n\}$ 的一族子集.若对 X 中任一对元素 i,j,子集 $A_1,A_2,\cdots,A_k$ 中总有一个恰含 i,j 中的一个,则这族子集称为可分的.求最小的 k,使得有一族子

集 $A_1, A_2, \cdots, A_k$，既是覆盖又是可分的.

解　考虑 1.2 节所说的从属关系表. 当 $A_1, A_2, \cdots, A_k$ 为覆盖时，每一列至少有一个 1. 当 $A_1, A_2, \cdots, A_k$ 为可分的时，每两列均不完全相同.

由于表有 k 行，表中每个元素为 0 或 1，所以至多可以组成 2^k-1 个两两不同的列，每列元素不全为 0. 于是

$$2^k - 1 \geqslant n,$$

即

$$k \geqslant [\log_2 n] + 1. \tag{1}$$

另一方面，取 k 满足

$$2^k - 1 \geqslant n \geqslant 2^{k-1}. \tag{2}$$

作 n 个不同的、由 0 与 1 组成并且不全为 0 的、长为 k 的列(因为 $2^k-1 \geqslant n$，这是可以办到的). 这表的 k 行所代表的 k 个集既覆盖又可分. 因此所求 k 的最小值为$[\log_2 n]+1$.

3.13　Stirling 数

将 n 元集 X 分拆为 k 个非空子集，分拆的个数(不计子集的顺序)称为**第二类** Stirling **数**，通常记为 $S_{(n,k)}$. 显然

$$S_{(n,1)} = 1, \tag{1}$$

$$S_{(n,n)} = 1. \tag{2}$$

(1 分拆，即 $k=1$ 的分拆，只有 $X=X$. n 分拆，只有 $X=\{1\}\cup\{2\}\cup\cdots\cup\{n\}$.)约定 $S_{(n,0)}=0$.

例 1　证明：

(ⅰ) $S_{(n,2)} = 2^{n-1} - 1$；　(3)

(ⅱ) $S_{(n,n-1)} = C_n^2$；　(4)

(ⅲ) $S_{(n+1,k)} = S_{(n,k-1)} + kS_{(n,k)}$；　(5)

(ⅳ) $S_{(n+1,k)} = \sum\limits_{j=k-1}^{n} C_n^j S_{(j,k-1)}$；　(6)

(ⅴ) 当 $n \geqslant 2$ 时，

$$S_{(n,1)}-1!S_{(n,2)}+2!S_{(n,3)}-\cdots+(-1)^{n-1}(n-1)!S_{n,n)}=0. \tag{7}$$

证 （ⅰ）固定 $1\in A_1$. 其余的 $n-1$ 个元素各有两种归属：属于 A_1 或 A_2. 因此共有 2^{n-1} 种归属. 除去全属于 A_1 的那种，共有 $2^{n-1}-1$ 种分拆.

（ⅱ）取两个元素作成二元集，有 C_n^2 种方法. 其余的 $n-2$ 个元构成 $n-2$ 个单元集（只含一个元素的集）.

（ⅲ）$n+1$ 元集 $\{1,2,\cdots,n+1\}$ 的 k 分拆可分为两类：第一类有集 $\{n+1\}$，第二类没有 $\{n+1\}$.

去掉 $n+1$ 后，第一类的分拆成为 $\{1,2,\cdots,n\}$ 的 $k-1$ 分拆，并且 $\{1,2,\cdots,n\}$ 的每一个 k 分拆添加 $\{n+1\}$ 后成为第一类的分拆. 因此，第一类分拆共有 $S_{(n,k-1)}$ 个.

去掉 $n+1$ 后，第二类的分拆成为 $\{1,2,\cdots,n\}$ 的 k 分拆，并且 $\{1,2,\cdots,n\}$ 的每一个 k 分拆添加 $n+1$ 有 k 种方法（$n+1$ 可放到 k 个子集的任一个中），添加后就成为第二类的分拆（这些分拆互不相同）. 因此，第二类分拆共有 $kS_{(n,k)}$ 个.

于是(5)式成立.

（ⅳ）在 $\{1,2,\cdots,n+1\}$ 的 k 分拆中去掉含 $n+1$ 的子集，得到 $j(k-1\leqslant j\leqslant n)$ 元集的 $k-1$ 分拆. 这些 $k-1$ 分拆各不相同（否则原来的 k 分拆相同）.

反之，从 $\{1,2,\cdots,n+1\}$ 中任取 j 个元素（有 C_n^j 种方法），得到 j 元集 J. J 的任一个 $k-1$ 分拆，添加集 $\{1,2,\cdots,n+1\}-J$ 后成为 $\{1,2,\cdots,n+1\}$ 的 k 分拆. 这样产生的 k 分拆显然各不相同.

因此(6)式成立.

（ⅴ）由(5)式得

$$\sum_{k=1}^{n+1}(-1)^{k-1}(k-1)!S_{(n+1,k)}$$

$$
\begin{aligned}
&= \sum_{k=2}^{n+1}(-1)^{k-1}(k-1)!S_{(n,k-1)} + \sum_{k=1}^{n}(-1)^{k-1}k!S_{(n,k)} \\
&= -\sum_{k=1}^{n+1}(-1)^{k-1}k!S_{(n,k)} + \sum_{k=1}^{n}(-1)^{k-1}k!S_{(n,k)} \\
&= 0.
\end{aligned}
$$

于是(7)式对一切 $n\geqslant 2$ 成立.

n 元集的分拆的个数 $\sum\limits_{i=1}^{n}S_{(n,k)}$ 称为 Bell 数,记为 B_n(第 n 个 Bernoulli 数也常记成 B_n,但本书不出现 Bernoulli 数. 因此没有混淆的危险). 显然 $B_1 = 1$. 又约定 $B_0 = 1$.

例 2　证明:

$$
B_{n+1} = \sum_{m=0}^{n}\mathrm{C}_n^m B_m. \tag{8}
$$

证　由(6)式得

$$
\begin{aligned}
B_{n+1} &= \sum_{k=1}^{n+1}S_{(n+1,k)} = \sum_{k=1}^{n+1}\sum_{j=k-1}^{n}\mathrm{C}_n^j S_{(j,k-1)} = \sum_{j=0}^{n}\mathrm{C}_n^j\sum_{k=1}^{j+1}S_{(j,k-1)} \\
&= \sum_{j=0}^{n}\mathrm{C}_n^j\sum_{k=1}^{j}S_{(j,k)} = \sum_{j=0}^{n}\mathrm{C}_n^j B_j.
\end{aligned}
$$

我们知道 $\sum\limits_{k=0}^{\infty}\dfrac{1}{k!} = \mathrm{e}$. 因此 $B_1 = \dfrac{1}{\mathrm{e}}\sum\limits_{k=0}^{\infty}\dfrac{1}{k!} = \dfrac{1}{\mathrm{e}}\sum\limits_{k=0}^{\infty}\dfrac{k}{k!}$. 借助(8)式及归纳法可得 $n = 0,1,2,\cdots$ 时,

$$
B_n = \frac{1}{\mathrm{e}}\sum_{k=0}^{\infty}\frac{k^n}{k!}\quad(\text{约定 } 0^0 = 1). \tag{9}
$$

$\Big($设(9)式成立,则 $B_{n+1} = \dfrac{1}{\mathrm{e}}\sum\limits_{j=0}^{n}\mathrm{C}_n^j\sum\limits_{k=0}^{\infty}\dfrac{k^j}{k!} = \dfrac{1}{\mathrm{e}}\sum\limits_{k=0}^{\infty}\dfrac{1}{k!}\sum\limits_{j=0}^{n}\mathrm{C}_n^j k^j = \dfrac{1}{\mathrm{e}}\sum\limits_{k=0}^{\infty}\dfrac{1}{k!}\cdot(k+1)^n = \dfrac{1}{\mathrm{e}}\sum\limits_{k=0}^{\infty}\dfrac{(k+1)^{n+1}}{(k+1)!} = \dfrac{1}{\mathrm{e}}\sum\limits_{k=1}^{\infty}\dfrac{k^{n+1}}{k!}.\Big)$

例 3　设非空子集 $A_1,A_2,\cdots,A_k$ 是 X 的覆盖,并且 $A_1,A_2,\cdots,A_k$ 中任意 $k-1$ 个的并都是 X 的真子集,则称这一覆盖

为既约覆盖. 令 $I_{(n,k)}$ 表示 n 元集 X 的、由 k 个集组成的既约覆盖的个数. 证明:

$$I_{(n,k)} = \sum_{j=k}^{n} \mathrm{C}_n^j (2^k - k - 1)^{n-j} S_{(j,k)}; \tag{10}$$

$$I_{(n,n-1)} = \frac{1}{2} n(2^n - n - 1); \tag{11}$$

$$I_{(n,2)} = S_{(n+1,3)}. \tag{12}$$

解 对每个 $j \geqslant k$,从 X 中取 j 个元组成集 J. J 有 $S_{(j,k)}$ 个 k 分拆. 对每一个分拆 $B_1, B_2, \cdots, B_k$. 将 $X - J$ 的 $n-j$ 个元分配到这 k 个集中,每个元至少属于两个集. 因此,每个元可属于某个 B_i,也可不属于 B_i,这有 2^k 种可能. 除去不属于任一个 B_i 的一种及仅属于一个 B_i 的 k 种,还有 $2^k - k - 1$ 种可能. $n-j$ 个元分配完毕,就产生 X 的由 k 个集组成的覆盖,而且是既约覆盖(因为 J 的每个元只属于这 k 个集中的一个). 这就得到 $\sum_{j=k}^{n} \mathrm{C}_n^j (2^k - k - 1)^{n-j} S_{(j,k)}$ 个 X 的既约覆盖. 显然它们各不相同.

反之,对 X 的每一个由 k 个子集组成的既约覆盖,设 J 为仅在一个子集中出现的元素所成的集,则 $|J| \geqslant k$,并且用上述作法便可产生这个既约覆盖. 因此(10)式成立.

由于 $S_{(n,n-1)} = \mathrm{C}_n^2$,所以由(10)式得

$$I_{(n,n-1)} = S_{(n,n-1)} + n(2^{n-1} - n) = \frac{n}{2}(2^n - n - 1).$$

为了求出 $I_{(n,2)}$,设 $y \notin X$. $\{y\} \cup X$ 的每个分拆 $B_1 \cup B_2 \cup B_3$ (不妨设 $y \in B_3$),对应于 X 的既约覆盖 $B_1 \cup B_3 - \{y\}$, $B_2 \cup B_3 - \{y\}$.

反之,对 X 的每个既约覆盖 A_1, A_2. 令

$$A = A_1 \cap A_2, \quad B_1 = A_1 - A,$$
$$B_2 = A_2 - A, \quad B_3 = A \cup \{y\},$$

则 B_1, B_2, B_3 是 $\{y\} \cup X$ 的分拆.

由上述一一对应得出(12)式成立.

对每个自然数 n,令

$$[x]_n = x(x-1)\cdots(x-n+1). \tag{13}$$

我们有下面的(14)式.

例 4　证明:

$$x^n = \sum_{k=1}^{n} S_{(n,k)}[x]_k. \tag{14}$$

证　考虑从 n 元集 X 到 m 元集 Y 的映射 f 的个数. 这里 $m \leqslant n$.

由 2.1 节例 5 得,这种映射的个数为 m^n.

另一方面,从 m 元集 Y 中任取 k 个元 $y_1, y_2, \cdots, y_k$ 作为 f 的像集(有 C_m^k 种取法),对 n 元集 X 的任一个 k 分拆 $A_1, A_2, \cdots, A_k$,令所有 $x \in A_i$ 的像 $f(x) = y_j (i, j = 1, 2, \cdots, k)$. 这样共产生 $\sum_{k=1}^{m} C_m^k \cdot k! \cdot S_{(n,k)}$ 个互不相同的映射. 显然每个从 X 到 Y 的映射均可这样产生. 所以

$$m^n = \sum_{k=1}^{m} C_m^k \cdot k! \cdot S_{(n,k)} = \sum_{k=1}^{n} [m]_k S_{(n,k)}. \tag{15}$$

(显然 $k > m$ 时,$[m]_k = 0$.)

(15)式表明(14)式对于 $x = 1, 2, \cdots, n$ 均成立. 由于次数不超过 $n-1$ 的多项式 $x^n - \sum_{k=1}^{n} [x]_k S_{(n,k)}$ 在 n 个 x 值($x = 1, 2, \cdots, n$)为 0,所以恒有

$$x^n - \sum_{k=1}^{n} [x]_k S_{(n,k)} = 0,$$

即(14)式成立.

$[x]_n$ 可以展开成 x 的多项式:

$$[x]_n = \sum_{k=1}^{n} s_{(n,k)} x^k, \tag{16}$$

其中 $s_{(n,k)}$ 称为**第一类** Stirling **数**. 由 Viete 定理知,从 $-1, -2$,

…,$-(n-1)$中任取 $n-1-k$ 个相乘,再将这些积相加,所得的和就是 $s_{(n,k)}$.

由于

$$[x]_n=\sum_{k=1}^{n}s_{(n,k)}x^k=\sum_{k=1}^{n}s_{(n,k)}\sum_{m=1}^{k}[x]_nS_{(k,m)}$$
$$=\sum_{m=1}^{n}\Big(\sum_{k=m}^{n}s_{(n,k)}S_{(k,m)}\Big)[x]_m,$$

所以比较$[x]_m$ 的系数得

$$\sum_{k=m}^{n}s_{(n,k)}S_{(k,m)}=\delta_{n,m}.$$

(其中 $\delta_{n,m}$ 当 $n=m$ 时为 1,当 $n\neq m$ 时为 0,称为 Kronecker **符号**.)

同样由

$$x^n=\sum_{k=1}^{n}S_{(n,k)}[x]_k=\sum_{k=1}^{n}S_{(n,k)}\sum_{m=1}^{k}s_{(k,m)}x^m,$$

得

$$\sum_{k=m}^{n}S_{(n,k)}s_{(k,m)}=\delta_{n,m}.$$

3.14 $M_{(n,k,h)}$

设 X 是 n 元集. $\mathscr{A}$ 是 X 的一些 h 元子集所成的族,并且具有性质 $P_k(X)$:X 的任一 k 元子集($n\geqslant k\geqslant h\geqslant 1$)至少包含 $\mathscr{A}$ 中一个 h 元子集. 具有这种性质的 $\mathscr{A}$ 中,$|\mathscr{A}|$ 的最小值记为 $M_{(n,k,h)}$.

例 1 证明:

(ⅰ) $M_{(n,k,h)}\leqslant\dfrac{n}{h}M_{(n-1,k-1,h-1)}$; (1)

(ⅱ) $M_{(n,k,h)}\geqslant\dfrac{n}{n-h}M_{(n-1,k,h)}$; (2)

(ⅲ) $M_{(n,k,h)}\leqslant M_{(n-1,k-1,h-1)}+M_{(n-1,k,h)}$. (3)

证　(ⅰ) 设 $\mathscr{A}$ 具有性质 $P_k(X)$，并且 $|\mathscr{A}|=M_{(n,k,h)}$.

对任一元素 $x\in X$，考虑 $n-1$ 元集 $Y=X-\{x\}$. 设 Y 的 $h-1$ 元子集族 $\mathscr{B}$ 具有性质 $P_{k-1}(Y)$，并且 $|\mathscr{B}|=M_{(n-1,k-1,h-1)}$. 将 x 添到 $\mathscr{B}$ 中每个 $h-1$ 元子集里成为 h 元集，$\mathscr{A}$ 中所有不含 x 的 h 元集与它们构成 h 元子集族 $\mathbf{C}$.

$\mathbf{C}$ 具有性质 $P_k(X)$. 事实上，设 S 是 X 的 k 元子集. 若 $x\notin S$，则由于 $\mathscr{A}$ 具有性质 $P_k(X)$，S 包含 $\mathscr{A}$ 中一个 h 元集，这集不含 x，因而也是 $\mathbf{C}$ 中的 h 元集. 若 $x\in S$，则 $S-\{x\}\subseteq Y$. 由于 $\mathscr{B}$ 具有性质 $P_{k-1}(Y)$，$S-\{x\}$ 包含 $\mathscr{B}$ 中一个 $h-1$ 元集 B，S 包含 h 元集 $B\cup\{x\}$，$B\cup\{x\}$ 在 $\mathbf{C}$ 中.

因此，$|\mathbf{C}|\geqslant M_{(n,k,h)}=|\mathscr{A}|$，即

$$|\mathscr{B}|\geqslant a_x, \tag{4}$$

其中 a_x 为 $\mathscr{A}$ 中含 x 的 h 元集的个数. 上式即

$$M_{(n-1,k-1,h-1)}\geqslant a_x. \tag{5}$$

对 x 求和得

$$nM_{(n-1,k-1,h-1)}\geqslant \sum_{x\in X}a_x. \tag{6}$$

由于 $\mathscr{A}$ 中每个子集是 h 元集，所以每个子集对于 $\sum\limits_{x\in X}a_x$ 的贡献是 h. 从而 $\sum\limits_{x\in X}a_x$ 即 $hM_{(n,k,h)}$. 于是(6) 式导出(1) 式.

(ⅱ) $\mathscr{A}$ 中不含 x 的子集构成 Y 中的 h 元子集族 $\mathscr{A}_x$. 并且 Y 的每一个 k 元子集也是 X 的 k 元子集，应当包含 $\mathscr{A}$ 中一个不含 x 的 h 元子集，即包含 $\mathscr{A}_x$ 中一个 h 元子集. 所以 $\mathscr{A}_x$ 具有性质 $P_k(Y)$，$|\mathscr{A}_x|\geqslant M_{(n-1,k,h)}$.

对 x 求和得

$$\sum_{x\in X}|\mathscr{A}_x|\geqslant nM_{(n-1,k,h)}. \tag{7}$$

$\mathscr{A}$ 中每个子集对于 $\sum\limits_{x\in X}|\mathscr{A}_x|$ 的贡献是 $n-h$，所以 $\sum\limits_{x\in X}|\mathscr{A}_x|=(n-h)M_{(n,k,h)}$，从而(7) 式导出(3) 式.

(ⅲ) 考虑 $n-1$ 元集 Y. 设 Y 的 h 元子集族 $\mathscr{C}$ 具有性质 $P_k(Y)$,$h-1$ 元子集族 $\mathscr{B}$ 具有性质 $P_{k-1}(Y)$,并且 $|\mathscr{C}|=M_{(n-1,k,h)}$, $|\mathscr{B}|=M_{(n-1,k-1,h-1)}$.

令 $X=Y\cup\{x\}$ 为 n 元集. 考虑 X 的 h 元子集族 $\mathscr{A}$,它由 $\mathscr{B}$ 中子集各添加 x(成为 h 元集)及 $\mathscr{C}$ 中子集组成.

对 X 的每个 k 元子集 S. 若 $x\notin S$,则 $\mathscr{C}$ 中有 h 元子集包含在 S 内. 若 $x\in S$,则 $\mathscr{B}$ 中有子集 $B_1\subseteq S-\{x\}$,即 $B_1\cup\{x\}\subseteq S$. 所以 $\mathscr{A}$ 具有性质 $P_k(X)$,从而

$$M_{(n,k,h)}\leqslant|\mathscr{A}|=M_{(n-1,k,h)}+M_{(n-1,k-1,h-1)}.$$

注 (1) 从(ⅱ),(ⅲ)可导出(ⅰ).

(2) (ⅰ),(ⅱ)是由 n 元集 X 到 $n-1$ 元集 Y;(ⅲ)则需要先造好 $n-1$ 元集 Y 的两个子集族,再扩充到 X.

例 2 证明:

$$M_{(n,k,h)}\geqslant\left\lceil\frac{n}{n-h}\left\lceil\frac{n-1}{n-h-1}\left\lceil\cdots\left\lceil\frac{k+1}{k-h+1}\right\rceil\cdots\right\rceil\right\rceil\right\rceil.\tag{8}$$

这里$\lceil x\rceil$表示不小于 x 的最小整数,称为天花板函数.

证 显然 $M_{(k,k,h)}=1$(k 元集 X 的 k 元子集只有一个即 X 自身,它包含任一个 h 元子集). 由(2)式得

$$M_{(k+1,k,h)}\geqslant\left\lceil\frac{k+1}{k-h+1}M_{(k,k,h)}\right\rceil=\left\lceil\frac{k+1}{k-h+1}\right\rceil.$$

设(8)式对 $n-1$ 成立,则

$$\begin{aligned}M_{(n,k,h)}&\geqslant\left\lceil\frac{n}{n-h}M_{(n-1,k,h)}\right\rceil\\&\geqslant\left\lceil\frac{n}{n-h}\left\lceil\frac{n-1}{n-h-1}\left\lceil\cdots\left\lceil\frac{k+1}{k-h+1}\right\rceil\cdots\right\rceil\right\rceil\right\rceil.\end{aligned}$$

例 3 证明:

$$\frac{C_n^h}{C_k^h}\leqslant M_{(n,k,h)}\leqslant C_{n-k+h}^h.\tag{9}$$

证 设 X 的 h 元子集的族 $\mathscr{A}$ 具有性质 $P_k(X)$,并且 $|\mathscr{A}|=$

$M_{(n,k,h)}$. 将 $\mathscr{A}$ 中每个 h 元子集作为点，X 的每个 k 元子集也作点. 这样得到两个点集 X_1, X_2，$|X_1| = M_{(n,k,h)}$，$|X_2| = C_n^k$.

如果某个 h 元集包含在某个 k 元集中，就在相应的点间连一条边. 这样得到一个图. 图的两个部分 X_1, X_2 之间的边数有两种算法.

一方面，每个 h 元子集含于 C_{n-h}^{k-h} 个 k 元集中，所以边数 $= C_{n-h}^{k-h} \cdot M_{(n,k,h)}$.

另一方面，每个 k 元集至少含 $\mathscr{A}$ 中一个 h 元集，所以边数至少有 $|X_2| = C_n^k$ 条边.

综合以上两方面即得

$$C_{n-h}^{k-h} M_{(n,k,h)} \geqslant C_n^k.$$

(9)式的上界由(3)式归纳法立即得出.

$M_{(n,k,h)}$ 表示最少需要多少张各载有 h 个数的票，才能保证自 n 个数中一次摇出 k 个数时，至少有一张票中奖.

一般的 $M_{(n,k,h)}$ 的表达式仍为未知.

例 4　设 $n \geqslant h(m+1)$，$h \geqslant 1$. 证明：

$$M_{(n,n-m,h)} = m + 1. \tag{10}$$

证　X 的 $m+1$ 个 h 元子集

$$\{1,2,\cdots,h\}, \{h+1, h+2, \cdots, 2h\}, \cdots,$$
$$\{mh+1, mh+2, \cdots, (m+1)h\}$$

所成的族 $\mathscr{A}$ 具有性质 $P_{n-m}(X)$. 事实上，对 X 的任一个 $n-m$ 元子集 S，X 恰有 m 个元不属于 S，这 m 个元至多在 $\mathscr{A}$ 中 m 个集里出现，所以 $\mathscr{A}$ 中至少有一个集的元素全属于 S. 于是

$$M_{(n,n-m,h)} \leqslant |\mathscr{A}| = m + 1.$$

另一方面，如果子集族 $\mathscr{A}$ 由 $\leqslant m$ 个 h 元子集组成，从 X 中去掉 m 个元素，其中的 $|\mathscr{A}|$ 个元素各属于 $\mathscr{A}$ 中一个 h 元子集. 剩下的 $n-m$ 元集显然不包含 $\mathscr{A}$ 中任一个 h 元子集. 所以 $\mathscr{A}$ 不具有性质 $P_{n-m}(X)$.

可以证明

$$M_{(n,k,2)} = \mathrm{C}_n^2 - \frac{k-2}{k-1} \cdot \frac{n^2 - r^2}{2} - \mathrm{C}_r^2,$$

其中 r 是 n 除以 $k-1$ 所得的余数，$0 \leqslant r \leqslant k-2$.

第4章　各种子集族

4.1　S 族

若集族 $\mathscr{A}$ 中任意两个子集 $A_i, A_j (i \neq j)$ 互不包含，则称 $\mathscr{A}$ 为 S 族.

例1　若 n 元集 $X=\{1,2,\cdots,n\}$ 的子集族 $\mathscr{A}$ 是 S 族，则 $\mathscr{A}$ 的元数至多为 $C_n^{\left[\frac{n}{2}\right]}$，即

$$\max_{\mathscr{A}\text{是}S\text{族}} |\mathscr{A}| = C_n^{\left[\frac{n}{2}\right]}. \tag{1}$$

这是 Sperner(1905～1980)在1928年发现的定理(S 族即 Sperner 族的简称).

解　考虑 n 个元素 $1,2,\cdots,n$ 的全排列，显然全排列的总数为 $n!$.

另一方面，全排列中前 k 个元素恰好组成 $\mathscr{A}$ 中某个集 A 的，有 $k!(n-k)!$ 个. 由于 $\mathscr{A}$ 是 S 族，所以这种"头"在 $\mathscr{A}$ 中的全排列互不相同. 设 $\mathscr{A}$ 中有 f_k 个 A_i 满足 $|A_i|=k(k=1,2,\cdots,n)$，则

$$\sum_{k=1}^{n} f_k \cdot k!(n-k)! \leqslant n!. \tag{2}$$

熟知 C_n^k 在 $k=\left[\frac{n}{2}\right]$ 时最大，所以由(2)式得

$$|\mathscr{A}| = \sum_{k=1}^{n} f_k \leqslant C_n^{\left[\frac{n}{2}\right]} \sum_{k=1}^{n} f_k \cdot \frac{k!(n-k)!}{n!} \leqslant C_n^{\left[\frac{n}{2}\right]}.$$

当 $\mathscr{A}$ 由 X 中全部 $\left[\frac{n}{2}\right]$ 元子集组成时，$|\mathscr{A}|=C_n^{\left[\frac{n}{2}\right]}$. 因此，(1)式成立.

又解　设 $\mathscr{A}=\{A_1,A_2,\cdots,A_t\}$. $A_1,A_2,\cdots,A_t$ 中元数最小

的为r元集，共f_r个. 添加X的一个元素到这些r元集中，使它们成为$r+1$元集. 对每个r元集有$n-r$种添加方法，每个$r+1$元集至多可由$r+1$个r元集添加而得，所以经过添加后至少产生

$$\frac{f_r \cdot (n-r)}{r+1}$$

个$r+1$元集. 由于$\mathscr{A}$是S族，这些$r+1$元集与$A_1,A_2,\cdots,A_t$均不相同.

当$r<\left[\frac{n}{2}\right]$时，

$$\frac{f_r(n-r)}{r+1}>f_r,$$

所以将$A_1,A_2,\cdots,A_t$中的r元集换成添加后的$r+1$元集，集合的个数即$\mathscr{A}$的元数严格增加.

同样地，设$A_1,A_2,\cdots,A_t$中元数最大的为s元集. 当$s>\left[\frac{n}{2}\right]$时，从每个$s$元集删去一个元素变成$s-1$元集. 每个$s-1$元集至多可由$n-(s-1)$个$s$元集删减一个元素而得. 每个$s$元集可产生$s$个$s-1$元集. 而

$$\frac{s}{n-(s-1)}\geqslant 1,$$

所以将$A_1,A_2,\cdots,A_t$中的s元集换成删减而得的$s-1$元集，$|\mathscr{A}|$增加.

因此，当$A_1,A_2,\cdots,A_t$均为$\left[\frac{n}{2}\right]$元集时，t最大，(1)式成立.

现在研究$|\mathscr{A}|$何时取最大值.

从第一种解法立即得出当n为偶数时，当且仅当$\mathscr{A}$由X的全部$\frac{n}{2}$元集组成，$|\mathscr{A}|$取最大值$C_n^{\left[\frac{n}{2}\right]}$.

当 n 为奇数 $2m+1$ 时，C_n^k 仅当 $k=m,m+1$ 时最大，从而当 $|\mathscr{A}|$ 最大时，$\mathscr{A}$ 中的子集 $A_1,A_2,\cdots,A_t$ 都是 m 元或 $m+1$ 元集. 假设 $A_1=\{1,2,\cdots,m\}$，那么对于 $l>m$，集 $\{l,1,2,\cdots,m\}\notin\mathscr{A}$. 全排列

$$l,1,2,\cdots,m,\cdots \tag{3}$$

的前 $m+1$ 个元组成的集 $\notin\mathscr{A}$. 但既然(2)式中等号成立，全排列(3)式的前 m 个元或前 $m+1$ 个元所成的集在 $\mathscr{A}$ 中，因此，$\{l,1,2,\cdots,m-1\}\in\mathscr{A}$. 这表明对 $\mathscr{A}$ 中任一个 m 元集，将其中一个元换成其他元所得的 m 元集仍在 $\mathscr{A}$ 中. 经过这样的替代，易知 X 的全部 m 元集均在 $\mathscr{A}$ 中. 因此，$\mathscr{A}$ 由 X 的全部 m 元子集组成或者 $\mathscr{A}$ 不含 X 的任一个 m 元子集，后者即 $\mathscr{A}$ 由 X 的全部 $m+1$ 元子集组成.

于是当 n 为奇数 $2m+1$ 时，当且仅当 $\mathscr{A}$ 由 X 的全部 m 元子集组成或 $\mathscr{A}$ 由 X 的全部 $m+1$ 元子集组成，$|\mathscr{A}|$ 取最大值 $C_n^{\left[\frac{n}{2}\right]}$.

Sperner 定理有众多的应用.

例 2　11 个剧团中，每天有一些剧团演出，其他剧团观看(演出的不能观看). 如果每个剧团都看过其他 10 个剧团的演出，问演出至少几天?

解　设共演出 n 天，第 i 个剧团不演的天数组成集 $A_i(i=1,2,\cdots,11)$，则 $A_1,A_2,\cdots,A_{11}$ 都是 $X=\{1,2,\cdots,n\}$ 的子集.

由于每个剧团都看过其他剧团的演出，所以 $A_i,A_j(1\leqslant i<j\leqslant 11)$ 互不包含(第 i 个剧团看第 j 个剧团演出的那一天属于 A_i 不属于 A_j). 由 Sperner 定理，有

$$11\leqslant C_n^{\left[\frac{n}{2}\right]}. \tag{4}$$

$C_n^{\left[\frac{n}{2}\right]}$ 随 n 递增，$C_5^2=10$，$C_6^3=20$，所以 $n\geqslant 6$. 即至少演出 6 天.

Sperner 定理有众多的推广. 下面的例 3 源于 Bollobas (1965).

例 3 若 $A_1,A_2,\cdots,A_m;B_1,B_2,\cdots,B_m$ 都是 $X=\{1,2,\cdots,n\}$的子集,当且仅当 $i=j$ 时,$A_i\cap B_j=\varnothing$. $|A_i|=a_i$,$|B_i|=b_i$($i=1,2,\cdots,m$),则

$$\sum_{i=1}^{m}\frac{1}{C_{a_i+b_i}^{a_i}}\leqslant 1. \tag{5}$$

证 考虑 $n!$ 个全排列. A_i 的元素全在 B_i 的元素前面的全排列共有

$$C_n^{a_i+b_i}\cdot a_i!b_i!(n-a_i-b_i)!=\frac{n!}{C_{a_i+b_i}^{a_i}} \tag{6}$$

个. 如果一个全排列中,A_i(的元素)全在 B_i(的元素)前面,A_j 也全在 B_j 前面,$i\neq j$,那么在 A_i 已经结束 B_j 尚未开始的情况中,$A_i\cap B_j=\varnothing$,而在 A_i 结束前 B_j 已经开始的情况中,$A_j\cap B_i=\varnothing$. 均与已知矛盾,所以每一个全排列中,至多有一个 A_i 在相应的 B_i 前面. 因此,由(6)式对 i 求和得

$$\sum_{i=1}^{m}\frac{n!}{C_{a_i+b_i}^{a_i}}\leqslant n!,$$

即(5)式成立.

如果取 $B_i=A_i'$,那么 $A_i\cap B_i=\varnothing$. 并且 $A_i\cap B_j\neq\varnothing$,即 $A_i\not\subseteq A_j$. 这时(5)式成为

$$\sum_{i=1}^{m}\frac{1}{C_n^{a_i}}\leqslant 1.$$

再由 $C_n^{\left[\frac{n}{2}\right]}$ 的最大性即导出 Sperner 定理.

4.2 链

如果 X 的子集族 $\mathscr{A}=\{A_1,A_2,\cdots,A_t\}$中的子集满足

$$A_1\subset A_2\subset\cdots\subset A_t, \tag{1}$$

那么 $\mathscr{A}$ 称为一条(长为 t 的)链.

例 1 设 $\mathscr{A}_1,\mathscr{A}_2,\cdots,\mathscr{A}_m$ 为 X 的 m 条链. 每两条均不可比

较,即任一条链中的成员(子集)都不是另一条链的成员的子集.若每条链的长均为 $k+1$,用 $f(n,k)$表示 m 的最大值.证明:

$$f(n,k)=C_{n-k}^{\left[\frac{n-k}{2}\right]}. \tag{2}$$

证　首先设 m 条链

$$A_{i0}\subset A_{i1}\subset\cdots\subset A_{ik}\quad(i=1,2,\cdots,m)$$

满足题述条件.

在上节例 3 中取 $A_i=A_{i0}$,$B_i=A'_{ik}$,则 $a_i=|A_{i0}|$,$b_i=n-|A_{ik}|\leqslant n-(a_i+k)$,因此

$$C_{a_i+b_i}^{a_i}\leqslant C_{n-k}^{a_i}\leqslant C_{n-k}^{\left[\frac{n-k}{2}\right]}.$$

显然 $A_i\cap B_i\subseteq A_{ik}\cap A'_{ik}=\varnothing$.若有 $i\neq j$ 使 $A_i\cap B_j=\varnothing$,则 $A_{i0}\subset A_{jk}$,与已知矛盾.因此,A_i,$B_i(i=1,2,\cdots,m)$适合上节例 3 的条件,从而

$$m=\sum_{i=1}^{m}1\leqslant\sum_{i=1}^{m}\frac{C_{n-k}^{\left[\frac{n-k}{2}\right]}}{C_{a_i+b_i}^{a_i}}\leqslant C_{n-k}^{\left[\frac{n-k}{2}\right]}.$$

于是

$$f(n,k)\leqslant C_{n-k}^{\left[\frac{n-k}{2}\right]}.$$

其次,设 M_i 为$\{k+1,k+2,\cdots,n\}$的$\left[\frac{n-k}{2}\right]$元子集,这样的子集有 $C_{n-k}^{\left[\frac{n-k}{2}\right]}$个.链

$$M_i\subset M_i\cup\{1\}\subset M_i\cup\{1,2\}\subset\cdots$$
$$\subset M_i\cup\{1,2,\cdots,k\}\quad\left(i=1,2,\cdots,C_{n-k}^{\left[\frac{n-k}{2}\right]}\right)$$

满足题述条件.

综上所述,(2)式成立.

当 $k=0$ 时,例 1 即 Sperner 定理.

如果链(1)中,

$$|A_{i+1}|=|A_i|+1\quad(i=1,2,\cdots,t-1),$$

并且

$$|A_1|+|A_t|=n,$$

那么链(1)称为**对称链**.

显然每条对称链含有一个 X 的$\left[\dfrac{n}{2}\right]$元子集. 当 n 为偶数 $2m$ 时,对称链(1)的长度 t 为奇数,位于中央的集 $A_{\frac{t+1}{2}}$ 是 m 元集. 当 n 为奇数 $2m+1$ 时,t 是偶数,中央的两个集 $A_{\frac{t}{2}}$,$A_{\frac{t}{2}+1}$ 分别为 m 元与 $m+1$ 元集.

例 2 证明:$X=\{1,2,\cdots,n\}$的全体子集可分拆为 $C_n^{\left[\frac{n}{2}\right]}$ 条互不相交的对称链(每个子集在且仅在一条链中).

证 对 n 进行归纳. $n=1$ 时结论显然成立. 设命题对 $n-1$ 成立,即$\{1,2,\cdots,n-1\}$的全体子集可分拆为 $C_{n-1}^{\left[\frac{n-1}{2}\right]}$ 条互不相交的对称链. 设

$$A_1 \subset A_2 \subset \cdots \subset A_t \tag{3}$$

为其中任一条. 考虑链

$$A_1 \subset A_2 \subset \cdots \subset A_t \subset A_t \cup \{n\} \tag{4}$$

与

$$A_1 \cup \{n\} \subset A_2 \cup \{n\} \subset \cdots \subset A_{k-1} \cup \{n\} \tag{5}$$

(当 $t=1$ 时,(5)不存在).

显然(4),(5)是 X 的对称链.

设 A 为 X 的子集. 如果 $n\notin A$,那么 A 必恰在一条形如(3)的链中,从而 A 也恰在一条形如(4)的链中,同时 A 显然不在形如(5)的链中. 如果 $n\in A$,那么 $A-\{n\}$恰在一条形如(3)的链中,在它等于 A_t 时,A 恰在一条形如(4)的链中,在它不等于 A_t 时,A 恰在一条形如(5)的链中.

于是 X 的全部子集被分拆为若干条互不相交的对称链. 由于每条对称链中恰有一个$\left[\dfrac{n}{2}\right]$元集,所以对称链的条数为 $C_n^{\left[\frac{n}{2}\right]}$.

显然从每一条链中至多选出一个集合组成 S 族. 所以例 2 导出 Sperner 定理.

链的概念不限于包含关系，它可以推广到任意一种偏序关系. 即只要某个集合 S 的某些元素之间有关系$\succ$，并且 $x\succ y$，$y\succ z$ 时，$x\succ z$(传递性)，那么 S 中就存在与(1)类似的链：

$$x_1\succ x_2\succ\cdots\succ x_t. \tag{6}$$

例如，若自然数 $a|b$，则称 $a\succ b$. 这就是一种偏序关系. 一个自然数 m 的因数可以按照这种偏序关系排成链 $d_1\succ d_2\succ\cdots\succ d_t$. 当 d_1d_t 与 m 的素因数个数(计及重数)相等，并且 d_{i+1} 比 $d_i(i=1,2,\cdots,t-1)$ 恰多一个素因数时，这种链称为**对称链**. 例如

$$1\succ 2\succ 2^2\succ 2^2\times 3\succ 2^2\times 3^2\succ 2^2\times 3^2\times 5,$$

$$3\succ 2\times 3\succ 2\times 3^2\succ 2\times 3^2\times 5,$$

都是 $180=2^2\times 3^2\times 5$ 的对称链.

例 3　自然数 m 的全部(正)因数可以分为互不相交的对称链.

解　当 $m=p^a$，p 为质数，a 为非负整数时，m 的因数组成一条对称链

$$1,p,p^2,\cdots,p^{a-1},p^a.$$

设命题对质因数个数(不计重数)小于 n 的数 m_1 成立. 考虑 $m=m_1p^a$，$p\nmid m_1$.

将 m_1 的因数分为互不相交的对称链. 设

$$d_1,d_2,\cdots,d_h,$$

是其中一条.

作表

d_1	d_2	$\cdots$	d_{k-2}	d_{k-1}	d_h
d_1p	d_2p	$\cdots$	$d_{k-2}p$	$d_{k-1}p$	d_hp
d_1p^2	d_2p^2	$\cdots$	$d_{k-2}p^2$	$d_{k-1}p^2$	d_hp^2
$\vdots$	$\vdots$		$\vdots$	$\vdots$	$\vdots$
$d_1p^{\alpha-1}$	$d_2p^{\alpha-1}$	$\cdots$	$d_{k-2}p^{\alpha-1}$	$d_{k-1}p^{\alpha-1}$	$d_hp^{\alpha-1}$
d_1p^{α}	d_2p^{α}	$\cdots$	$d_{k-2}p^{\alpha}$	d_kp^{α}	d_hp^{α}

最外层的

$$d_1,d_2,\cdots,d_{h-2},d_{h-1},d_h,d_hp,d_hp^2,\cdots,d_hp^{\alpha}$$

组成 m 的对称链.

同样地,从外到内,每一层的数都组成 m 的对称链.

易知 m 的每个因数都在上述形状的对称链中出现. 因此命题成立.

例 3 是 de Bruijn 等 1951 年证明的.

设 $P_1,P_2,\cdots,P_n$ 都是 n 元集 X 的分拆. 如果 P_1 仅一个集即 X, P 由 i 个集 $A_1,A_2,\cdots,A_i$ ($A_1\cup A_2\cup\cdots\cup A_i=X$, $A_1,A_2,\cdots,A_i$ 两两之交为 $\varnothing$)组成,并且 P_{i+1} 是由 P_i"加细"得到的,即将 $A_1,A_2,\cdots,A_i$ 中某一个分拆为两个集, $i=0,1\cdots,n-1$,那么 $P_1,P_2,\cdots,P_n$ 称为一个长为 n 的**分拆链**.

例 4 求长为 n 的分拆链的个数.

解 P_n 仅一种,即 $\{1\},\{2\},\cdots,\{n\}$. 若已有

$$P_n,P_{n-1},\cdots,P_{k+1}.$$

每一个是后一个的加细,则可将 P_{k+1} 中任两个集并为一个集产生 P_k,因此, P_k 有 C_{k+1}^2 种可能. 从而长为 n 的分拆链共有

$$\prod_{k=1}^{n-1}C_{k+1}^2=\frac{(n-1)!n!}{2^{n-1}}$$

个.

4.3　Dilworth 定理

在上节例 2 中，链的条数恰好等于 S 族的元数的最大值. 这是下面例 1(Dilworth 定理)的特例.

例 1　集族 $\mathscr{A}=\{A_1,A_2,\cdots,A_t\}$分拆为互不相交的链时，所需用的链的最少条数 m 等于 P 中元数最多的 S 族的元数 s.

证　S 族的 s 个元是互不包含的，每条链至多含一个这样的元，所以 $m\geqslant s$.

为了证明 $s\geqslant m$，我们对 t 进行归纳. $t=1$ 时结论显然. 假设命题对小于 t 的值成立. 考虑 t 元集 $\mathscr{A}$.

对 $\mathscr{A}$ 中任一元数为 s 的 S 族 $\mathscr{B}$，不在 $\mathscr{B}$ 中的元 A 必与 $\mathscr{B}$ 中某一元 B 有包含关系(否则 A 可添加到 $\mathscr{B}$ 中，与 s 的最大性矛盾). 将满足 $A\supset B$ 的 A 归入一族，记为 $\mathscr{B}_1$. 满足 $A\subset B$ 的 A 归入另一族，记为 $\mathscr{B}_2$(由于 $\mathscr{B}$ 是 S 族，不存在同时发生 $A\supset B$，$C\supset A$，而 $B,C\in\mathscr{B}$ 的情况).

如果 $\mathscr{B}_1,\mathscr{B}_2$ 都非空，令

$$\mathscr{A}_1=\mathscr{B}\cup\mathscr{B}_1,\quad \mathscr{A}_2=\mathscr{B}\cup\mathscr{B}_2,$$

则 $|\mathscr{A}_1|$，$|\mathscr{A}_2|$都小于 t. 由归纳假设知，$\mathscr{A}_1,\mathscr{A}_2$ 均可分拆为 s 条链. 因为 $\mathscr{B}$ 为 S 族，所以在 $\mathscr{A}_1$ 中，$\mathscr{B}$ 的元都是最小元，从而 $\mathscr{A}_1$ 的 s 条链的终端正是 $\mathscr{B}$ 的 s 个元. 同样，$\mathscr{A}_2$ 的 s 条链的始端也是 $\mathscr{B}$ 的 s 个元(作为最大元). 因此可将 $\mathscr{A}_1$ 的链与 $\mathscr{A}_2$ 的链逐对连接起来形成 $\mathscr{A}$ 的链，$s\geqslant m$.

如果对 $\mathscr{A}$ 中任一元数为 s 的 S 族 $\mathscr{B}$ 而言，$\mathscr{B}_1,\mathscr{B}_2$ 至少有一个为空，那么 $\mathscr{A}$ 至多有两个元数为 s 的 S 族，即 $\mathscr{A}$ 的最大元(它不包含在 $\mathscr{A}$ 的其他元素中)所成的族 $\mathscr{E}$ 与 $\mathscr{A}$ 的最小元(它不包含 $\mathscr{A}$ 的其他元素)所成的族 $\mathscr{F}$. 于是有以下三种情况：

(a) 仅集族 $\mathscr{E}$ 有 s 个元. 这时从 $\mathscr{E}$ 中去掉一个元 A，$\mathscr{A}$ 剩下 $t-1$ 个元，并且 $\mathscr{A}$ 中最大的 S 族仅 $s-1$ 个元，所以由归纳假设知，可分拆为 $s-1$ 条链，添上 A 单独一个所成的链，共 s 条.

(b) 仅集族 $\mathscr{F}$ 有 s 个元. 与(a)类似,$\mathscr{A}$ 可分拆为 s 条链.

(c) $\mathscr{E}$,$\mathscr{F}$ 均有 s 个元. 任取 $B\in\mathscr{F}$,必有 $A\in\mathscr{E}$,$A\supset B$. 去掉 A,B 后,剩下的元组成 $s-1$ 条链,添上链 $A\supset B$,共 s 条链.

注 例 1 中的集族可改为任意的半序集,$\subset$ 改为半序关系 $\succ$.

Dilworth 定理有很多应用.

例 2 证明:任意的 $mn+1$ 个自然数中,能找出 $m+1$ 个数,使得每一个数能整除比它大的数;或者能找出 $n+1$ 个数,使得每一个数都不整除其他的数.

证 与上节例 3 相同,以 $a|b$ 作为自然数集的半序关系 $a\succ b$.

如果链的长度均不超过 m,那么由于 $\left[\dfrac{mn+1}{m}\right]=n+1$,所以至少有 $n+1$ 条链. 根据 Dilworth 定理知,有 $n+1$ 个数组成 S 族,即每一个数都不整除其他的数.

例 3 证明:实数数列

$$a_1,a_2,\cdots,a_{mn+1} \tag{1}$$

中一定能找出一个 $m+1$ 项的递增的子列或能找出一个 $n+1$ 项的递减的子列.

证 若 $a_i\leqslant a_j$,$i<j$,则称 $a_i\succ a_j$. 如果数列(1)中递增的子列至多 m 项,那么数列(1)至少能分为 $n+1$ 条链. 从而有 $n+1$ 项组成 S 族,即有一个 $n+1$ 项的递减数列.

下面的例 4 与例 1 对偶.

例 4 设 $\mathscr{A}$ 为偏序集,证明:若 $\mathscr{A}$ 不含长为 $m+1$ 的链,则 $\mathscr{A}$ 可以表成至多 m 个 S 族的并.

证 $m=0$ 时结论显然. 设命题对 $m-1$ 成立.

$\mathscr{A}$ 的极大元组成 S 族 $\mathscr{B}$. $\mathscr{A}-\mathscr{B}$ 不含长为 m 的链. 由归纳假设知,$\mathscr{A}-\mathscr{B}$ 可以表成至多 $m-1$ 个 S 族的并,加入 $\mathscr{B}$ 即为 m 个 S 族.

4.4　Littlewood-Offord 问题

1943 年，Littlewood 与 Offord 提出下面的问题：设 $z_1,z_2,\cdots,z_n$ 为模$\geqslant 1$的复数，作出 2^n 个形如 $z_{i_1}+z_{i_2}+\cdots+z_{i_t}$ 的和，$\{i_1,i_2,\cdots,i_t\}$是集合 $X=\{1,2,\cdots,n\}$的子集（对于空集，相应的和为 0）. 从这些和中最多能选出多少个，每两个的差的模<1?

1945 年，P. Erdös 首先解决了 $z_1,z_2,\cdots,z_n$ 为实数的情况，这就是例 1.

例 1　设 $x_1,x_2,\cdots,x_n$ 为 n 个绝对值不小于 1 的实数，则从 2^n 个和

$$x_A=\sum_{j\in A}x_j,\quad A\subseteq X=\{1,2,\cdots,n\}$$

中最多能选出 $C_n^{\left[\frac{n}{2}\right]}$ 个，使得每两个的差小于 1.

证　如果某个 $x_j<0$，用 $-x_j$ 代替它，并将每个集 A 换成集

$$B=\begin{cases}A\cup(j), & \text{如果 } j\notin A;\\ A-(j), & \text{如果 } j\in A.\end{cases} \tag{1}$$

和 x_A 换为和

$$x_B=x_A+(-x_j).$$

于是，不妨设所有 x_j 均非负.

设 $\mathscr{A}=\{A_1,A_2,\cdots,A_t\}$为 X 的子集族，并且当 $i\neq j$ 时，

$$|x_{A_i}-x_{A_j}|<1. \tag{2}$$

若 $A_i\subset A_j$，那么

$$|x_{A_i}-x_{A_j}|=|x_{A_j-A_i}|\geqslant 1,$$

与(2)式矛盾，所以 $\mathscr{A}$ 为 S 族，从而

$$t\leqslant C_n^{\left[\frac{n}{2}\right]}. \tag{3}$$

另一方面，当 $x_1=x_2=\cdots=x_n=1$ 时，有 $C_n^{\left[\frac{n}{2}\right]}$ 个 $A\left(X\right.$ 的全部$\left[\frac{n}{2}\right]$元子集$\left.\right)$，使 $x_A=\left[\frac{n}{2}\right]$，它们的差为 0，因此(3)式中等

号成立.

现在设 $\boldsymbol{x}_1,\boldsymbol{x}_2,\cdots,\boldsymbol{x}_n$ 是 n 个模 $\geqslant 1$ 的向量(特别地,它们可以是平面向量即复数). 为了获得与例 1 类似的结果,我们先引入两个概念.

如果 X 的全体子集所成的族 $P(X)$ 被分拆为若干个(互不相交的)族,各族的元数 $\in \left\{n+1,n-1,n-3,\cdots,n+1-2\left[\frac{n}{2}\right]\right\}$,并且其中元数为 $n+1-2i\left(i=0,1,\cdots,\left[\frac{n}{2}\right]\right)$ 的恰有 $C_n^i-C_n^{i-1}$ 个,我们称这样的分拆为**对称分拆**.

4.2 节中,$P(X)$ 被分拆为若干条对称链,每条对称链是一个子集族. 容易验证(参见下面例 2 证明的后一半)这一分拆是对称分拆. 实际上对称分拆的定义即从例 2 延伸出来.

对称分拆中,族的个数为

$$\sum_{i=0}^{\left[\frac{n}{2}\right]}(C_n^i-C_n^{i-1})=C_n^{\left[\frac{n}{2}\right]}. \tag{4}$$

对于上面所说的向量 $\boldsymbol{x}_1,\boldsymbol{x}_2,\cdots,\boldsymbol{x}_n$. 如果 $X=\{1,2,\cdots,n\}$ 的子集族 $\mathscr{A}$ 中任意两个子集 A,B 满足

$$|\boldsymbol{x}_A-\boldsymbol{x}_B|\geqslant 1, \tag{5}$$

那么 $\mathscr{A}$ 称为**稀疏的**.

例 2　$P(X)$ 有一对称分拆,其中每一个族都是稀疏的.

证　证法与 4.2 节的例 2 类似,对 n 进行归纳,$n=1$ 时结论显然成立. 设命题对 $n-1$ 成立,$\{A_1,A_2,\cdots,A_t\}$ 为一个稀疏的族.

不妨设 $\boldsymbol{x}_n$ 为 x 轴上的向量. 函数 f 将一切向量 $\boldsymbol{\alpha}=(x,y,z)$ 映为第一坐标 x,即 $f(\boldsymbol{\alpha})=x$.

设 $f(\boldsymbol{x}_{A_1}),f(\boldsymbol{x}_{A_2}),\cdots,f(\boldsymbol{x}_{A_t})$ 中 $f(\boldsymbol{x}_{A_k})$ 最大(若同时有几个最大的,任取其中之一),作子集族

$$\{A_1,A_2,\cdots,A_t,A_k\cup\{n\}\} \tag{6}$$

与

$$\{A_1 \cup \{n\}, \cdots, A_{k-1} \cup \{n\}, A_{k+1} \cup \{n\}, \cdots, A_t \cup \{n\}\} \quad (7)$$

(当 $t=1$ 时仅有(6)族. 当 $t\geqslant 2$ 时(6)族,(7)族同时存在).

(7)族显然仍是稀疏的. 对(6)族中的集 $A_j(1\leqslant j\leqslant t)$,

$$\begin{aligned} |\boldsymbol{x}_{A_k\cup\{n\}} - \boldsymbol{x}_{A_j}| &\geqslant f(\boldsymbol{x}_{A_k\cup\{n\}} - \boldsymbol{x}_{A_j}) \\ &= f(\boldsymbol{x}_n) + f(\boldsymbol{x}_{A_k}) - f(\boldsymbol{x}_{A_j}) \\ &\geqslant f(\boldsymbol{x}_n) \geqslant 1, \end{aligned}$$

所以(6)族也是稀疏的.

最后,我们证明分拆是对称分拆.

原来的族 $\{A_1, A_2, \cdots, A_t\}$ 的元数 $t=n-2i$,新族(6),(7)的元数分别为 $n+1-2i, n-1-2i=n+1-2(i+1)$. 并且新族中元数为 $n+1-2i$ 的有

$$(C_{n-1}^{i} - C_{n-1}^{i-1}) + (C_{n-1}^{i-1} - C_{n-1}^{i-2}) = C_n^i - C_{n-1}^{i-1}$$

个,所以新族是对称分拆.

本节开头所提问题的答案仍为 $C_n^{\left[\frac{n}{2}\right]}$. 因为每个稀疏族满足(5)式,其中只能选出一个子集 A,从而至多有 $C_n^{\left[\frac{n}{2}\right]}$ 个 A 满足每两个 $\boldsymbol{x}_A$ 的差的模小于 1. 另一方面,例 1 已经表明这个值 $C_n^{\left[\frac{n}{2}\right]}$ 是能够取到的.

例 3　$\boldsymbol{x}_1, \boldsymbol{x}_2, \cdots, \boldsymbol{x}_n$ 为模不小于 1 的向量(或复数),对任意向量(或复数)$\boldsymbol{x}$,在 2^n 个和 $\boldsymbol{x}_A = \sum\limits_{i\in A} \boldsymbol{x}_i$ 中至多可选出多少个与 x 的差的模小于$\dfrac{1}{2}$?

证　若 $|\boldsymbol{x}_A - \boldsymbol{x}| < \dfrac{1}{2}$, $|\boldsymbol{x}_B - \boldsymbol{x}| < \dfrac{1}{2}$,则

$$|\boldsymbol{x}_A - \boldsymbol{x}_B| < \frac{1}{2} + \frac{1}{2} = 1.$$

因此,至多选出 $C_n^{\left[\frac{n}{2}\right]}$ 个 $\boldsymbol{x}_A$ 与 $\boldsymbol{x}$ 的差的模小于$\dfrac{1}{2}$.

例 4 假设同上,证明:在 2^n 个和 $\sum_{i=1}^{n}\varepsilon_i\boldsymbol{x}_i(\varepsilon_i=\pm 1)$ 中至多可以选出 $C_n^{\left[\frac{n}{2}\right]}$ 个与 $\boldsymbol{x}$ 的距离小于 1.

证 令 $\boldsymbol{y}=\sum\boldsymbol{x}_i$,则

$$\left|\boldsymbol{x}-\sum\varepsilon_i\boldsymbol{x}_i\right|=\left|\boldsymbol{x}+\boldsymbol{y}-\sum(1+\varepsilon_i)\boldsymbol{x}_i\right|$$
$$=2\left|\frac{\boldsymbol{x}+\boldsymbol{y}}{2}-\sum\frac{1+\varepsilon_i}{2}\boldsymbol{x}_i\right|.$$

$\frac{1+\varepsilon_i}{2}=0$ 或 1,这就化为上题.

4.5 *I* 族

如果在集 $X=\{1,2,\cdots,n\}$ 的子集族 $\mathscr{A}=\{A_1,A_2,\cdots,A_t\}$ 中,每两个子集 A_i,A_j 的交 $A_i\cap A_j\neq\varnothing(1\leqslant i,j\leqslant t)$,那么 $\mathscr{A}$ 称为**相交族**或 ***I* 族**.

例 1 试求 I 族的元数的最大值.

解 I 族 $\mathscr{A}=\{A_1,A_2,\cdots,A_t\}$的元数 t 至多为 2^{n-1}.

一方面,由于 X 的 2^n 个子集可以两两配对:A 与 A 的补集 $X-A$ 配成一对,所以在 $t>2^{n-1}$ 时,$A_1,A_2,\cdots,A_t$ 中必有一个集是另一个的补集,它们的交为空集. 这表明 I 族 $\mathscr{A}$ 的元数 $t\leqslant 2^{n-1}$.

另一方面,含有 n 的子集共有 2^{n-1} 个,它们组成 I 集. 所以 $\max t=2^{n-1}$.

注 (1) $\max t=2^{n-1}$ 的情况并不仅有上述一种. 例如 n 为奇数时,所有元数 $\geqslant\frac{n+1}{2}$ 的子集组成的族 $\mathscr{A}$ 显然是 I 族,而且 $|\mathscr{A}|=2^{n-1}$. 当 n 为偶数时,设 $\mathscr{B}$ 是$\{1,2,\cdots,n-1\}$的子集族,$\mathscr{B}$ 是 I 族,$|\mathscr{B}|=2^{n-2}$ 并且 $\mathscr{B}$ 中子集不全含一个固定元素. 作 $X=\{1,2,\cdots,n\}$的子集族 $\mathscr{A}$,其中子集由 $\mathscr{B}$ 的子集添加 n 而得. 这时

$\mathscr{A}\cup\mathscr{B}$ 是 X 的 I 族，$|\mathscr{A}\cup\mathscr{B}|=2^{n-1}$，而且 $\mathscr{A}\cup\mathscr{B}$ 中子集不全含一个固定元素.

(2) 若 $\mathscr{A}$ 为 I 族，而 $|\mathscr{A}|<2^{n-1}$，则必有子集 $A\notin\mathscr{A}$ 并且 $A'\notin\mathscr{A}$. 将 A 加到 $\mathscr{A}$ 中后若新族不为 I 族，则必有 $B\in\mathscr{A}$ 而 $A\cap B=\varnothing$，此时，$B\subseteq A'$，从而 A' 与 $\mathscr{A}$ 中每个集的交非空. 将 A' 加到 $\mathscr{A}$ 中后新族为 I 族. 因此总可不断地将不在 $\mathscr{A}$ 中的集 A 或 A' 加到 $\mathscr{A}$ 中，直至 $|\mathscr{A}|=2^{n-1}$.

例 2　设 $2\leqslant r<\dfrac{n}{2}$. $\mathscr{A}=\{A_1,A_2,\cdots,A_t\}$ 为 I 族，并且 $|A_i|=r(i=1,2,\cdots,t)$. 求 t 的最大值.

解　显然，当 $A_1,A_2,\cdots,A_t$ 为 X 中含有一固定元素 x 的、全部 r 元子集时，

$$t=\mathrm{C}_{n-1}^{r-1}.\tag{1}$$

Erdös-Ko(柯召)-Rado 证明了 C_{n-1}^{r-1} 就是 t 的最大值. 即有

定理　设 $2\leqslant r<\dfrac{n}{2}$. $\mathscr{A}=\{A_1,A_2,\cdots,A_t\}$ 为 I 族，并且 $|A_i|=r(i=1,2,\cdots,t)$，则

$$t\leqslant\mathrm{C}_{n-1}^{r-1}.\tag{2}$$

当且仅当 $A_1,A_2,\cdots,A_t$ 为 X 中含有一个固定元素 x 的全体集合时，(2)式中等号成立.

这个定理在集族理论中极为重要，被誉为里程碑. 它的证明也有多种，下面介绍 Katona 的证明.

我们知道 n 个数排在圆周上，有 $(n-1)!$ 种排法. 完全同样地，将圆周等分为 n 条弧，在各弧标上 n 个数 $1,2,\cdots,n$，也有 $(n-1)!$ 种方法. 每一种，称为 $X=\{1,2,\cdots,n\}$ 的一个**圈**.

Katona 的证法要点是将 A_j"嵌入"圈中.

如果 r 元子集 A_j 的 r 个元素标在圈 C 的 r 条连续的弧上，那么就称这 r 条弧为 A_j，并称圈 C 含子集 A_j. 由于 A 的 r 个元有 $r!$ 种排列方法，不在 A_j 中的 $n-r$ 个元有 $(n-r)!$ 种排列方

法，所以有 $r!\ (n-r)!$ 个圈含有子集 $A_j(1\leqslant j\leqslant t)$.

另一方面，如果圈 C 含集 $A_1=\{a_1,a_2,\cdots,a_r\}$，并且 $\overset{\frown}{P_1P_2}$，$\overset{\frown}{P_2P_3}$，…，$\overset{\frown}{P_rP_{r+1}}$ 上标的数分别为 $a_1,a_2,\cdots,a_r$（$P_1,P_2,\cdots,P_n$ 为圆周的等分点. 图 4.5.1），那么 C 上其他的集 A_j 与 A_1 有公共弧. 而对每个 $k(1\leqslant k\leqslant r+1)$，以 P_k 为起点的连续 r 条弧有两个（即 $\overset{\frown}{P_kP_{k+1}}$，$\overset{\frown}{P_{k+1}P_{k+2}}$，…，$\overset{\frown}{P_{k+r-1}P_{k+r}}$ 与 $\overset{\frown}{P_kP_{k-1}}$，$\overset{\frown}{P_{k-1}P_{k-2}}$，…，$\overset{\frown}{P_{k-r+1}P_{k-r}}$），这两个除 P_k 外无公共点，因此，其中至多有一个是某个 $A_j\in\mathscr{A}$（每两个 $A_i,A_j\in\mathscr{A}$ 必有公共弧）. 由于以 P_1 或 P_{r+1} 为起点的连续 r 条弧，只有一个是 $\mathscr{A}$ 中的集，即 A_1. 所以，每一个圈 C 至多含 $\mathscr{A}$ 中 r 个集.

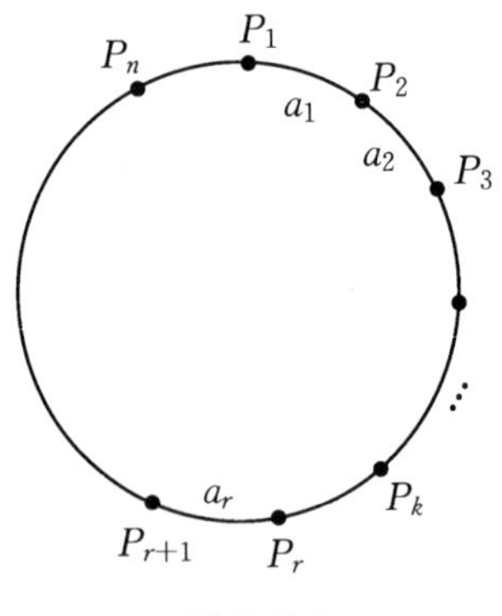

图 4.5.1

综合以上两个方面，

$$\sum_{i=1}^{t}\sum_{C含A_i}1=t\times r!\times(n-r)!$$

$$=\sum_{圈C}\sum_{A_i含于C}1\leqslant r\times(n-1)!,\tag{3}$$

即

$$t\leqslant C_{n-1}^{r-1}\tag{4}$$

下面研究等号成立的情况.

在定理中已经指明当 $A_1, A_2, \cdots, A_t$ 为 X 中含有一固定元素 x 的全体集合时，(2)式中等号成立.

反之，设(2)式中等号成立，则(3)式中等号成立，从而每一圈上恰含 r 个 A_j.

对于圈 C，设分点为 $P_1, P_2, \cdots, P_n$，并且 $\widehat{P_1P_2}, \widehat{P_2P_3}, \cdots, \widehat{P_rP_{r+1}}$ 标的数分别为 $a_1, a_2, \cdots, a_r$，$A_1=\{a_1, a_2, \cdots, a_r\}$. 根据上面所证，以 $P_k(1\leqslant k\leqslant r)$ 为起点的连续 r 条弧恰有一个是 $\mathscr{A}$ 中某个子集，不妨设就是 A_k. 这时有两种情况：

（ⅰ）所有 $A_k(1\leqslant k\leqslant r)$ 均含有 a_r(图 4.5.2).

（ⅱ）有一个 $h(1\leqslant h<r)$，A_h 含有 a_r 而 A_{h+1} 不含有 a_r(这时 $A_{h+2}, \cdots, A_r$ 均不含 a_r. 图 4.5.3).

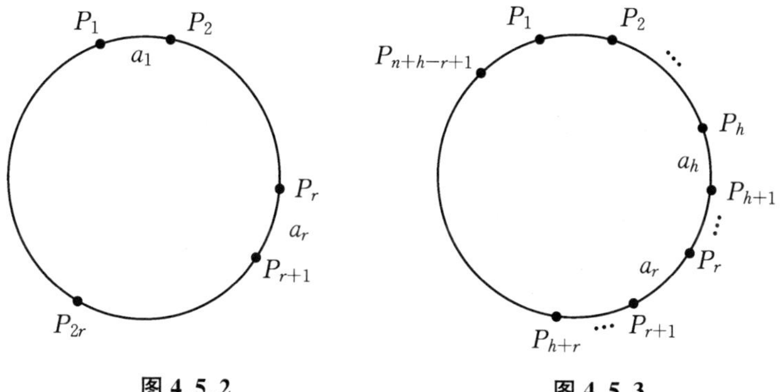

图 4.5.2　　**图 4.5.3**

无论哪一种情况，这 r 个集(所对应的弧)都只覆盖了圆周上 $2r-1$ 条弧，而不是整个圆周(因为 $n\geqslant 2r$). 这 $2r-1$ 条弧有一个起点(图 4.5.2 中是 P_1，图 4.5.3 中是 $P_{n+h-r+1}$)，一个终点(图 4.5.2 中是 P_{2r}，图 4.5.3 中是 P_{h+r}). 不失一般性，我们设起点为 P_1，r 个属于 $\mathscr{A}$ 的集为

$$\{a_1, a_2, \cdots, a_r\}, \{a_2, a_3, \cdots, a_{r+1}\}, \cdots,$$
$$\{a_r, a_{r+1}, \cdots, a_{2r-1}\}.$$

又设$\widehat{P_nP_1}$上标的数为 b,则

$$B=\{b,a_1,a_2,\cdots,a_{r-1}\}\notin\mathscr{A}.$$

现在证明任一含 a_r、不含 b 的 r 元子集 A_p 属于 $\mathscr{A}$.

设 A_p 中有 $r-s$ 个数$\in\{a_1,a_2,\cdots,a_r\}$. 不妨设它们是 a_{r+1}, $a_{r+2},\cdots,a_r$(否则将 $a_1,\cdots,a_{r-1}$ 重新编号). 又设其余的数为 $c_{r+1},c_{r+2},\cdots,c_{r+s}$.

考虑各弧依次标上 $b,a_1,a_2,\cdots,a_r,c_{r+1},c_{r+2},\cdots,c_{r+s},\cdots$的圈 C'.

由于 $A_1=\{a_1,a_2,\cdots,a_r\}\in\mathscr{A}$, $B=\{b,a_1,\cdots,a_{r-1}\}\notin\mathscr{A}$,根据上面的分析,在圈 C' 上情况 2 不会出现(否则相当于 A_{h+1} 的 $B\in\mathscr{A}$),即必有情况 1 发生,

$$\{a_2,\cdots,a_r,c_{r+1}\},\{a_3,\cdots,a_r,c_{r+1},c_{r+2}\},\cdots,$$
$$\{a_r,c_{r+1},\cdots,c_{2r-1}\}$$

都是 $\mathscr{A}$ 中的子集. 特别地,$A_p\in\mathscr{A}$.

进一步地,我们证明不含 a_r 的集 A_q 一定不属于 $\mathscr{A}$.

A_q 的补集有 $n-r\geqslant r+1$ 个元,如果这 $n-r$ 个元中有 b,将 b 去掉,再去掉若干个元,成为含 a_r 的 r 元集. 如果这 $n-r$ 个元中无 b,也可以去掉若干个元,成为含 a_r 的 r 元集. 根据上面所证,这含 a_r 的 r 元子集$\in\mathscr{A}$. 因此 $A_q\notin\mathscr{A}$.

最后,由 $|\mathscr{A}|=C_{n-1}^{r-1}$及不含 a_r 的集不属于 $\mathscr{A}$ 得一切含 a_r 的集组成 $\mathscr{A}$.

因此,$|\mathscr{A}|$ 达到最大值的情况共有 n 种.

例 3 设 $n\leqslant 2r$, $\mathscr{A}=\{A_1,A_2,\cdots,A_t\}$为 I 族,并且 $|A_i|=r(i=1,2,\cdots,t)$. 求 t 的最大值.

解 当 $n<2r$ 时,X 的每两个 r 元子集均相交,所以 $\mathscr{A}$ 可由 X 的全部 r 元子集组成,$\max|\mathscr{A}|=C_n^r$.

当 $n=2r$ 时,X 的元子集两两互补,因为每两个互补的集至多有一个属于 $\mathscr{A}$,所以 $|\mathscr{A}|<\dfrac{1}{2}C_n^r=C_{n-1}^{r-1}$,即(2)式仍然成立. 如

果在每两个互补的 r 元集中取出一个组成 $\mathscr{A}$，那么 $|\mathscr{A}|=\frac{1}{2}C_n^r=C_{n-1}^{r-1}$，并且 $\mathscr{A}$ 中每两个子集均有公共元(因为这两个集不互补). 即 $\max|\mathscr{A}|=C_{n-1}^{r-1}$，并且达到最大值的情况共有种 $2^{C_{n-1}^{r-1}}$ 种.

Erdös-柯召-Rado 的论文在 1938 年已基本完成，但 1961 年才发表于 Quarterly Journal. 在这篇论文中，不仅有上面的定理，而且还提了很多的问题. 这些问题已被其他数学家(Deza，Frankl，Katona 等)逐一解决，只遗留下一个，即

猜测　设 $|X|=4m$，$\mathscr{A}=\{A_1,A_2,\cdots,A_t\}$，$|A_i|=2m(1\leqslant i\leqslant t)$，$|A_i\cap A_j|\geqslant 2(1\leqslant i,j\leqslant t)$，则

$$\max t=\frac{1}{2}(C_{4m}^{2m}-(C_{2n}^{n})^2).$$

Erdös 提供 250 英镑，奖赏解决上述猜测(证明或推翻)的人. Erdös 孤身一人，四海为家，经常提供悬奖的数学问题，但他的收入并不甚丰，悬奖通常在 10～100 美元. 250 英镑对于他，已经是一大笔钱. 这正表明 Erdös 重视这个问题，并且问题的难度甚大.

4.6　EKR 定理的推广

上节的 Erdös-柯召-Rado 定理简记为 EKR 定理，它有很多推广. 例 1、例 2 去掉 $|A_i|$ 全相等的限制，例 3 去掉 $|A_i|\leqslant\frac{n}{2}$.

例 1　设 n 元集 X 的子集族 $\mathscr{A}=\{A_1,A_2,\cdots,A_t\}$ 为 I 族，并且对每个 $i(1\leqslant i\leqslant t)$，$|A_i|\leqslant r\leqslant\frac{n}{2}$，若 $\mathscr{A}$ 又是 S 族. 证明：

$$t\leqslant C_{n-1}^{r-1}. \tag{1}$$

证　由 4.2 节例 2，X 的全体子集所成的族 $P(X)$ 可以分拆为对称链. 因为 $\mathscr{A}$ 是 S 族，$A_1,A_2,\cdots,A_t$ 属于不同的链. 将每个 A_i 用链中的 r 元集 B_i 代替(当 $|A_i|=r$ 时，$B_i=A_i$). 显然 B_1，

$B_2,\cdots,B_t$ 仍为 I 族，根据 EKR 定理，(1)式成立.

例 2 条件同例 1，证明：

$$\sum_{i=1}^{t}\frac{1}{C_{n-1}^{|A_i|-1}}\leqslant 1. \tag{2}$$

证 首先注意在上节例 2 的证明中，可以得出若圈 C 含 $\mathscr{A}$ 中的集 A_1，则 C 至多含 $\mathscr{A}$ 中 $|A_1|$ 个子集.

在那里曾考虑和

$$\sum_{i=1}^{t}\sum_{C含A_i}1=\sum_{C}\sum_{A_i含于C}1. \tag{3}$$

现在考虑一个类似的"加权"和

$$\sum_{i=1}^{t}\frac{1}{|A_i|}\sum_{C含A_i}1=\sum_{C}\sum_{A_i含于C}\frac{1}{|A_i|}. \tag{4}$$

由上面所说，设 A_j 含于 C 且 $|A_j|$ 最小，则

$$\sum_{A_i含于C}\frac{1}{|A_i|}\leqslant\frac{1}{|A_j|}\cdot|A_j|=1,$$

于是(4)式的右边 $\leqslant\sum_{C}1=(n-1)!$.

$$(4)\text{ 式的左边}=\sum_{i=1}^{t}\frac{1}{|A_i|}\cdot|A_i|!\cdot(n-|A_i|)!$$

$$=\sum_{i=1}^{t}\frac{(n-1)!}{C_{n-1}^{|A_i|-1}}.$$

结合以上两方面即得(2)式.

由于 $|A_i|\leqslant r\leqslant\frac{n}{2}$ 时，$C_{n-1}^{|A_i|-1}$ 随 $|A_i|$ 递增. 所以由(2)式可得 $\sum_{i=1}^{t}\frac{1}{C_{n-1}^{r-1}}\leqslant 1$，即(1)式成立.

例 3 设 $\mathscr{A}=\{A_1,A_2,\cdots,A_t\}$ 是 n 元集的子集族，若 $\mathscr{A}$ 既是 I 族又是 S 族. 证明：

$$|\mathscr{A}|\leqslant C_n^{\left[\frac{n}{2}\right]+1}. \tag{5}$$

证　首先证明一个不等式

$$\sum_{\substack{A\in\mathscr{A}\\|A|\leqslant\frac{n}{2}}}\frac{1}{C_n^{|A|-1}}+\sum_{\substack{A\in\mathscr{A}\\|A|>\frac{n}{2}}}\frac{1}{C_n^{|A|}}\leqslant 1. \tag{6}$$

为此引进一个权函数 $f(C,A_i)$：

$$f(C,A_i)=\begin{cases}\dfrac{n-|A_i|+1}{|A_i|}, & \text{若 } |A_i|\leqslant\dfrac{n}{2}\text{，并且圈 } C \text{ 含 } A_i\text{；}\\ 1, & \text{若 } |A_i|>\dfrac{n}{2}\text{，并且圈 } C \text{ 含 } A_i\text{；}\\ 0, & \text{若圈 } C \text{ 不含 } A_i.\end{cases}$$

这里圈 C 含 A_i 的意义与上节例 2 相同.

$$\begin{aligned}\sum_{i=1}^{t}\sum_{C}f(C,A_i)&=\sum_{|A_i|\leqslant\frac{n}{2}}\frac{n-|A_i|+1}{|A_i|}\sum_{C\text{含}A_i}1+\sum_{|A_i|>\frac{n}{2}}\sum_{C\text{含}A_i}1\\&=\sum_{|A_i|\leqslant\frac{n}{2}}\frac{n-|A_i|+1}{|A_i|}\,|A_i|!(n-|A_i|)!\\&\quad+\sum_{|A_i|>\frac{n}{2}}|A_i|!(n-|A_i|)!\\&=n!\Bigg(\sum_{\substack{A\in\mathscr{A}\\|A|\leqslant\frac{n}{2}}}\frac{1}{C_n^{|A|-1}}+\sum_{\substack{A\in\mathscr{A}\\|A|>\frac{n}{2}}}\frac{1}{C_n^{|A|}}\Bigg).\end{aligned} \tag{7}$$

另一方面，我们可以证明对每个圈 C，

$$\sum_{i=1}^{t}f(C,A_i)=\sum_{\substack{|A_i|\leqslant\frac{n}{2}\\A_i\in C}}\frac{n-|A_i|+1}{|A_i|}+\sum_{\substack{|A_i|>\frac{n}{2}\\A_i\in C}}1\leqslant n. \tag{8}$$

事实上，不妨设圈 C 上标的数顺次为 $1,2,\cdots,n$. 若所有 $|A_i|>\dfrac{n}{2}$，因为 $\mathscr{A}$ 是 S 族，所以 $\mathscr{A}$ 中以 j 为“第一个元素”的形如 $\{j,j+1,\cdots,k$（约定 $n+b=b$）$\}$ 的集至多只有一个. 从而含于 C 的

A_i 至多 n 个，即(8)式成立. 若有 $|A_i|\leqslant\frac{n}{2}$. 不妨设 $A_1=\{1,2,\cdots,r\}$ 的元数 r 最小. 这时 $\mathscr{A}$ 中其他子集 A_i 或者以某个 $j(2\leqslant j\leqslant r)$ 为第一元素或者以 $j-1(2\leqslant j\leqslant r)$ 为最后元素，并且以 j 为第一元素或以 $j-1$ 为最后元素的 A_i 均至多一个(因为 $\mathscr{A}$ 是 S 族). 若两者均有，则它们应有公共元(因为 $\mathscr{A}$ 是 I 族)，从而其中必有一个元数 $>\frac{n}{2}$. 它们的权的和(注意 r 的最小性)

$$\leqslant\frac{n-r+1}{r}+1=\frac{n+1}{r},$$

因此，(8)式左边 $\leqslant\frac{n-x+1}{r}+(r-1)\times\frac{n+1}{r}=n.$

由(8)式得

$$\sum_{C}\sum_{i=1}^{t}f(C,A_i)\leqslant n\times(n-1)!=n!. \tag{9}$$

综合(7)式，(9)式即得(6)式.

因为 $|A|\leqslant\frac{n}{2}$ 时，$C_n^{|A|-1}\leqslant C_n^{\left[\frac{n}{2}\right]-1}\leqslant C_n^{\left[\frac{n}{2}\right]+1}$；$|A|>\frac{n}{2}$ 时，$C_n^{|A|}\leqslant C_n^{\left[\frac{n}{2}\right]+1}$；所以由(6)式得

$$\sum_{A\in\mathscr{A}}\frac{1}{C_n^{\left[\frac{n}{2}\right]+1}}\leqslant 1,$$

即(5)式成立.

在 $\mathscr{A}$ 由全体 $\left[\frac{n}{2}\right]+1$ 元集组成时，(5)式成为等式. 因此上界 $C_n^{\left[\frac{n}{2}\right]+1}$ 是最佳的.

例 4 集族 $\mathscr{A}=\{A_1,A_2,\cdots,A_t\}$ 既是 S 集又是 I 集，并且每两个 A_i,A_j 的并集不是 X. 证明：

$$t\leqslant C_{n-1}^{\left[\frac{n}{2}\right]-1}. \tag{10}$$

证 考虑 $A_1,A_2,\cdots,A_t$ 及其补集 $A_1',A_2',\cdots,A_t'$.

因为 $\mathscr{A}$ 是 I 族,所以 $A_i\cap A_j\neq\varnothing$,从而 A_i 与 A_j' 互不包含.

因为 $\mathscr{A}$ 是 S 族,A_i 与 $A_j(i\neq j)$ 互不包含,从而 A_i' 与 A_j' 互不包含,$A_i\cap A_j'\neq\varnothing$.

因为 $A_i\cup A_j\neq X$,所以 $A_i'\cap A_j'\neq\varnothing$.

将 $\{A_1,A_2,\cdots,A_t,A_1',A_2',\cdots,A_t'\}$ 分拆为两个集族 $\mathscr{B},\mathscr{B}'$. $\mathscr{B}$ 中的集元数均 $\leqslant\frac{n}{2}$,并且在 $|A_i|=\frac{n}{2}$ 时,A_i 与 A_i' 恰有一个在 $\mathscr{B}$ 中.

根据上面所述,$\mathscr{B}$ 是 I 族,也是 S 族,从而由例 2 知

$$\sum_{B\in\mathscr{B}}\frac{1}{\mathrm{C}_{n-1}^{|B|-1}}\leqslant 1. \tag{11}$$

(11)式的 $|B|\leqslant\left[\frac{n}{2}\right]$,所以 $\mathrm{C}_{n-1}^{|B|-1}\leqslant\mathrm{C}_{n-1}^{\left[\frac{n}{2}\right]-1}$. 而 $\mathscr{B}$ 中子集恰为 t 个,所以(11)式可导出(10)式.

4.7　影

设 $\mathscr{A}$ 是 n 元集 X 的子集族,并且 $\mathscr{A}$ 中的子集都是 l 元子集. 集族

$$\{B:|B|=l-1 \text{ 并且 } B \text{ 是 } \mathscr{A} \text{ 中某个集的子集}\}$$

称为 $\mathscr{A}$ 的**影子或影**,记为 $\Delta\mathscr{A}$,$\Delta\{A\}$ 简记为 ΔA.

在 4.1 节例 1 的第二个证明中实际上已经得到

$$|\Delta\mathscr{A}|\geqslant\frac{l}{n-l+1}|\mathscr{A}| \tag{1}$$

(l 即那里的 s). 为了得出更精确的关系,需要引进一些记号与概念.

例 1　证明:对任意的自然数 t,l,存在自然数 $a_l>a_{l-1}>\cdots>a_m\geqslant m$,使得

$$t=\mathrm{C}_{a_l}^{l}+\mathrm{C}_{a_{l-1}}^{l-1}+\cdots+\mathrm{C}_{a_m}^{m}, \tag{2}$$

并且这种表示是唯一的.

证 $t=1$ 时,有唯一的表示 $t=\mathrm{C}_l^l(a_l=l)$. 如果 t 有所述的表示,那么

$$\begin{aligned}\mathrm{C}_{a_l}^l \leqslant t &< \mathrm{C}_{a_l}^l + \mathrm{C}_{a_{l-1}}^{l-1} + \cdots + \mathrm{C}_{a_{m+1}}^{m+1} + \mathrm{C}_{a_{m+1}}^{m} \\ &\leqslant \mathrm{C}_{a_l}^l + \mathrm{C}_{a_{l-1}}^{l-1} + \cdots + \mathrm{C}_{a_{m+2}}^{m+2} + \mathrm{C}_{a_{m+2}}^{m+1} \\ &\leqslant \cdots \\ &\leqslant \mathrm{C}_{a_l}^l + \mathrm{C}_{a_l}^{l-1} \\ &= \mathrm{C}_{a_l+1}^l,\end{aligned}$$

从而 a_l 是满足 $\mathrm{C}_x^l\leqslant t$ 的最大整数 x,被 l,t 唯一确定.

取定 a_l 为满足 $\mathrm{C}_x^l\leqslant t$ 的最大整数 x 后,

$$t-\mathrm{C}_{a_l}^l < \mathrm{C}_{a_l+1}^l - \mathrm{C}_{a_l}^l = \mathrm{C}_{a_l}^{l-1}.$$

因此满足 $\mathrm{C}_x^{l-1}\leqslant t-\mathrm{C}_{a_l}^l$ 的最大整数 $a_{l-1}<a_l$,a_{l-1} 也是唯一确定的. 依此类推,可唯一地确定出 t 的表达式(2).

(2)式称为 t 的 l-二项式表示.

例 2 设 $\mathscr{A}$ 为 $X=\{1,2,\cdots,n\}$ 的子集族,对 $1<j\leqslant n$,定义集 A 的位移

$$S_j(A)=\begin{cases}(A-\{j\})\cup\{1\}, & \text{若 } j\in A,1\notin A,\\ & (A-\{j\})\cup\{1\}\notin\mathscr{A};\\ A, & \text{其他情况}.\end{cases}$$

及 $\mathscr{A}$ 的位移

$$S_j(\mathscr{A})=\{S_j(A):A\in\mathscr{A}\}.$$

证明:

(ⅰ) $\Delta(S_j(\mathscr{A}))\subseteq S_j(\Delta\mathscr{A})$; (3)

(ⅱ) $|\Delta\mathscr{A}|\geqslant|\Delta(S_j(\mathscr{A}))|$. (4)

证 设 $A\in\mathscr{A}$. 要证明 $\Delta(S_j(A))\subseteq S_j(\Delta\mathscr{A})$.

若 $A=S_j(A)$,则对任一 $B\in\Delta(S_j(A))=\Delta(A)$,均有 $A=B\cup\{i\}$. 由 $S_j(\Delta\mathscr{A})$的定义得,$B=S_j(B)$(这里 S_j 是 $\Delta\mathscr{A}$ 的位移,不是 $\mathscr{A}$ 的位移),除非 $j\in B,1\notin B$ 而且$(B-\{j\})\cup\{1\}\notin\Delta\mathscr{A}$. 但 $j\in B,1\notin B$ 时,$i\neq j$. 在 $i=1$ 时,$(B-\{j\})\cup\{1\}=A-\{j\}\in$

$\Delta\mathscr{A}$. 在 $i\neq 1$ 时，$j\in A,1\notin A$，由于 $A=S_j(A)$，必有 $(A-\{j\})\cup\{1\}\in\mathscr{A}$，从而仍有 $(B-\{j\})\cup\{1\}\in\Delta\mathscr{A}$. 因此总有 $B=S_j(B)\in S_j(\Delta\mathscr{A})$.

若 $A\neq S_j(A)$，则 $j\in A,1\notin A,S_j(A)=(A-\{j\})\cup\{1\}$. 对任一 $B\in\Delta(S_j(A))$ 有 $B=(A-\{j\})\cup\{1\}-\{i\},i\in(A-\{j\})\cup\{1\}$. 当 $i=1$ 时，$B=A-\{j\}=S_j(A-\{j\})\in{}_jS(\Delta\mathscr{A})$. 当 $i\neq 1$ 时，又分两种情况：① $B\in\Delta\mathscr{A}$. 由于 $j\notin B$，显然 $B=S_j(B)\in S_j(\Delta\mathscr{A})$. ② $B\notin\Delta\mathscr{A}$，即 $((A-\{i\}-\{j\})\cup U\{1\}\notin\Delta\mathscr{A}$，此时 $B=((A-\{i\})-\{j\})\cup\{1\}=S_j(A-\{i\})\in S_j(\Delta\mathscr{A})$.

因此恒有 $A\in\mathscr{A}$ 时，$\Delta(S_j(A))\subseteq S_j(\Delta\mathscr{A})$. 从而(3)式成立.

显然，$\mathscr{A}$ 中任意两个集 A_1,A_2 经位移后仍不相同. 所以

$$|\Delta\mathscr{A}|=|S_j(\Delta\mathscr{A})|\geqslant|\Delta(S_j(\mathscr{A}))|.$$

现在可以介绍本节的主要内容.

例 3　设 $\mathscr{A}=\{A_1,A_2,\cdots,A_t\}$ 为 X 的 l 元子集的族，t 的 l-二项式表示为

$$t=C_{a_l}^{l}+C_{a_{l-1}}^{l-1}+\cdots+C_{a_m}^{m},\tag{5}$$

$a_l>a_{l-1}>\cdots>a_m\geqslant m$，则

$$|\Delta\mathscr{A}|\geqslant C_{a_l}^{l-1}+C_{a_{l-1}}^{l-2}+\cdots+C_{a_m}^{m-1}.\tag{6}$$

这一结论称为 Kruskal-Katona 定理.

证　对 $\mathscr{A}$ 施行移位运算 $S_j(j=2,3,\cdots,n)$，使含 1 的集个数增加. 这样进行有限多次后，必有 $S_j(\mathscr{A})=\mathscr{A}$ 对所有 $j\geqslant 2$ 均成立. 由例 2(3)式知，在这过程中 $|\Delta\mathscr{A}|$ 不增. 因此，不妨假设 $S_j(\mathscr{A})=\mathscr{A}$ 对所有 $j\geqslant 2$ 均已成立. 令

$$\mathscr{A}_1=\{A:A\in\mathscr{A},1\notin A\},$$
$$\mathscr{A}_2=\{A-\{1\},A\in\mathscr{A},1\in A\}.$$

对任一 $B\in\Delta\mathscr{A}_1$，有 $i>1$ 使 $B\cup\{i\}\in\mathscr{A}_1$. 从而必有 $B\cup\{1\}\in\mathscr{A}$(否则 $B\cup\{1\}=S_i(B\cup\{i\})\in S_j(\mathscr{A})=\mathscr{A}$，矛盾). 因此 $B\in\mathscr{A}_2$，从而

$$|\mathscr{A}_2|\geqslant|\Delta\mathscr{A}_1|.\tag{7}$$

当 $l=1$ 及 $l=n$ 时,结论显然成立(前者 $\Delta\mathscr{A}=\varnothing$,$|\Delta\mathscr{A}|=C_t^0=1$. 后者 $t=1$,$\Delta\mathscr{A}$ 由所有 $n-1$ 元集组成,$|\Delta\mathscr{A}|=C_n^{n-1}=n-1$). 假设结论对 $n<k$ 成立,并且对 $n=k$ 且 $l<h$ 也成立. 考虑 $n=k,l=h$ 的情况.

若 $|\mathscr{A}_2|<C_{a_l-1}^{l-1}+\cdots+C_{a_m-1}^{m-1}$,则

$$\begin{aligned}|\mathscr{A}_1|&=|\mathscr{A}|-|\mathscr{A}_2|\\&>(C_{a_l}^{l}-C_{a_l-1}^{l-1})+\cdots+(C_{a_m}^{m}-C_{a_m-1}^{m-1})\\&=C_{a_l-1}^{l}+\cdots+C_{a_m-1}^{m}.\end{aligned}$$

由归纳假设知

$$|\Delta\mathscr{A}_1|\geqslant C_{a_l-1}^{l-1}+\cdots+C_{a_m-1}^{m-1},$$

从而 $|\Delta\mathscr{A}_1|>|\mathscr{A}_2|$,与(7)式矛盾. 因此

$$|\mathscr{A}_2|\geqslant C_{a_l-1}^{l-1}+\cdots+C_{a_m-1}^{m-1}. \tag{8}$$

由归纳假设知

$$|\Delta\mathscr{A}_2|\geqslant C_{a_l-1}^{l-2}+\cdots+C_{a_m-1}^{m-2}. \tag{9}$$

(8)式,(9)式相加得

$$|\mathscr{A}_2|+|\Delta\mathscr{A}_2|\geqslant C_{a_l}^{l-1}+\cdots+C_{a_m}^{m-1}. \tag{10}$$

因为 $\Delta\mathscr{A}_2$ 中任一子集添加 1 后成为 $\Delta\mathscr{A}$ 中子集,并且不同的子集添加 1 后各不相同. 这些子集与 $\mathscr{A}_2$ 中子集(不含 1)不同. 所以

$$|\Delta\mathscr{A}|\geqslant|\mathscr{A}_2|+|\Delta\mathscr{A}_2|. \tag{11}$$

由(10)式,(11)式可导出(6)式.

4.8 Milner 定理

若 n 元集 X 的子集族 $\mathscr{A}=\{A_1,A_2,\cdots,A_t\}$ 是 S 族,并且 $\mathscr{A}$ 中任两个集 A_i,A_j 均有 $|A_i\cap A_j|\geqslant k$,Milner 在 1968 年证明了

$$|\mathscr{A}|\leqslant C_n^{\left[\frac{n+k+1}{2}\right]}. \tag{1}$$

我们分三步来证明(1),即下面的例 1~例 3.

例 1 设 $X=\{1,2,\cdots,n\}$ 的子集族 $\mathscr{A}$ 为 I 族,对 $1<j\leqslant n$

及 $A\in\mathscr{A}$,定义位移

$$S_j(A)=\begin{cases}(A-\{1\})\cup\{j\}, & 若\ 1\in A, j\notin A,\\ & (A-\{1\})\cup\{j\}\notin\mathscr{A};\\ A, & 其他情况.\end{cases}$$

则 $S_j(\mathscr{A})=\{S_j(A):A\in\mathscr{A}\}$ 仍为 I 族,并且

$$|\Delta\mathscr{A}|\geqslant|\Delta(S_j(\mathscr{A}))|. \tag{2}$$

证　$S_j(A)$ 实际上与上节相同,只不过将元素的标号 1 与 j 互换. 因此(2)式即上节的(4)式,不用再证.

为了证明 $S_j(\mathscr{A})$ 是 I 族,设 $A_1, A_2\in\mathscr{A}$,往证 $S_j(A_1)\cap S_j(A_2)\neq\varnothing$. 显然只需考虑 $S_j(A_1)=A_1$, $S_j(A_2)=(A_2-\{1\})\cup\{j\}$ 的情况. 设 $a\in A_1\cap A_2$,若 $a\neq 1$,则 $a\in S_j(A_1)\cap S_j(A_2)$. 若 $a=1$, $j\in A_1$,则 $j\in S_j(A_1)\cap S_j(A_2)$. 若 $a=1$, $j\notin A_1$,则由于 $S_j(A_1)=A_1$,必有 $(A_1-\{1\})\cup\{j\}\in\mathscr{A}$. $\mathscr{A}$ 是 I 族,必有 $y\in A_2\cap((A_1-\{1\})\cup\{j\})$. 显然 $y\neq 1$. 因为 $j\notin A_2$, $y\neq j$. 从而 $y\in S_j(A_1)\cap S_j(A_2)$.

例 2　若 $\mathscr{A}=\{A_1, A_2, \cdots, A_t\}$ 是 I 族,并且 $A_1, A_2, \cdots, A_t$ 都是 n 元集 X 的 l 元子集,则

$$|\Delta\mathscr{A}|\geqslant|\mathscr{A}|. \tag{3}$$

证　$n=1$ 时(3)式显然成立. 假设(3)式对 $n-1(\geqslant 1)$ 成立.

若 $l\geqslant\dfrac{1}{2}(n+1)$,由 4.2 节例 2 知,将 $P(X)$ 分解为对称链,每个 $A_i(1\leqslant i\leqslant t)$ 在一条链中,这条链中有一个比 A_i 恰少一个元的集 B_i. 这些 $B_i(1\leqslant i\leqslant t)$ 互不相同(在不同的链中),因此(3)式成立.

以下设 $l\leqslant\dfrac{1}{2}n$.

若 $l=1$,则 $t=1$, $|\Delta\mathscr{A}|=|\mathscr{A}|$.

若 $l=2$, $t=1$,则 $|\Delta\mathscr{A}|=2>|\mathscr{A}|$. 若 $l=2$, $t\geqslant 2$,又有两种情况:① X 的每个元素至多属于两个 $\mathscr{A}$ 中子集. 设 $A_1=\{a,b\}$, A_2

$=\{a,c\}$，则由于 $\mathscr{A}$ 是 I 族，至多还有一个集，即 $\{b,c\}\in\mathscr{A}$. 从而 $|\Delta\mathscr{A}|=3\geqslant|\mathscr{A}|$. ② X 的元素 $a\in A_1\cap A_2\cap A_3$. 由于 $\mathscr{A}$ 是 I 族，任一 $\mathscr{A}$ 中的集 A_j 含有 a（否则二元集 A_j 不可能与 A_1,A_2,A_3 均有公共元）. 于是 $|\Delta\mathscr{A}|=1+|\mathscr{A}|>|\mathscr{A}|$.

设 $l>2$ 并且将 l 换为较小的自然数时(3)式成立.

对 $\mathscr{A}$ 重复施用位移 $S_j(j=2,3,\cdots,n)$，使得含 1 的集减少，经有限多步后，不再产生新的集. 由例 1，新的集族仍为 I 族并有不等式(2). 不妨假定 $S_j(\mathscr{A})=\mathscr{A}(j=2,3,\cdots,n)$.

如果 1 不属于 $\mathscr{A}$ 中任一个集，那么 $\mathscr{A}$ 是 $n-1$ 元集 $\{2,3,\cdots,n\}$ 的子集族，从而(3)式成立.

设 1 属于 $A_1,A_2,\cdots,A_s$，不属于 $A_{s+1},\cdots,A_t$. 令 $B_i=A_i-\{1\}(i=1,2,\cdots,s)$. 因为 $l\leqslant\frac{1}{2}n$，所以 $|A_1\cup A_2|\leqslant 2-1<n$. 即有 X 的元素 $j\notin A_1\cup A_2$，但 $S_j(A_1)=A_1$，所以 $(A_1-\{1\})\cup\{j\}\in\mathscr{A}$，即 $B_1\cup\{i\}\in\mathscr{A}$，因此，$|B_1\cap B_2|=|(B_1\cup\{j\})\cap B_2|=|(B_1\cup\{j\})\cap A_2|\geqslant 1$. 同理 $B_1,B_2,\cdots,B_s$ 中每两个的交非空. 因此，$\mathscr{B}=\{B_1,B_2,\cdots,B_s\}$ 是 I 族，由关于 l 的归纳假设知

$$|\Delta\mathscr{B}|\geqslant|\mathscr{B}|. \tag{4}$$

$\{2,3,\cdots,n\}$ 的子集族 $\mathscr{C}=\{A_{s+1},A_{s+2},\cdots,A_t\}$ 也是 I 族，因此，由关于 n 的归纳假设知

$$|\Delta\mathscr{C}|\geqslant|\mathscr{C}|. \tag{5}$$

由(4)式，(5)式得

$$|\Delta\mathscr{A}|\geqslant|\Delta\mathscr{B}|+|\Delta\mathscr{C}|\geqslant|\mathscr{B}|+|\mathscr{C}|=|\mathscr{A}|.$$

例 2 是 Katona 1964 年发现的定理.

例 3 证明(1)式成立.

证 记 $l=\left[\dfrac{n+k+1}{2}\right]$. 若 $\mathscr{A}$ 中所有 A_i 满足 $|A_i|=l$，(1)式显然成立. 若 $\mathscr{A}$ 中有元数 $<l$ 的集，不妨设 $A_1,A_2,\cdots,A_i$ 的元数最少，均为 h 元集，$h<l$. 考虑集族

$\mathscr{B}=\{B:B$ 为 X 的 $h+1$ 元子集并且至少包含一个 $A_i,1\leqslant i\leqslant s\}$.

显然 $\mathscr{B}\cup\{A_{s+1},\cdots,A_t\}$ 仍为 S 族，并且其中任两个集的交集至少有 k 个元.

由于 $|A_1\cap A_2|\geqslant k$，所以 $|A_1\cup A_2|\leqslant 2h-k$，$|A_1'\cap A_2'|\geqslant n-2h+k\geqslant n-2l+k+2\geqslant 1$. 从而 $A_1',A_2',\cdots,A_s'$ 是 I 族. 由例 2 知

$$|\Delta(\{A_1',A_2',\cdots,A_s'\})|\geqslant|\{A_1',A_2',\cdots,A_s'\}|=s. \tag{6}$$

而 $\Delta(\{A_1',A_2',\cdots,A_s'\})$ 正好是 $\mathscr{B}$ 中各集的补集所成的族. 因此，(6)式表明 $|\mathscr{B}|\geqslant s$.

对族 $\mathscr{B}\cup\{A_{s+1},\cdots,A_t\}$ 进行同样处理，直至每个集的元数都 $\geqslant l$. 在这过程中 $|\mathscr{A}|$ 不减. 因此，可设 $\mathscr{A}$ 中每个集的元数 $\geqslant l$.

将 $P(X)$ 分解为对称链. 因为 $\mathscr{A}$ 为 S 族，故 $\mathscr{A}$ 中各集在不同的链上. 因为 $l>\dfrac{n}{2}$，故每个元数大于 l 的集均可换成同一条链上的元数为 l 的集. 这样 $|\mathscr{A}|$ 不减少. 从而 $|\mathscr{A}|\leqslant C_n^l$，即(1)式成立.

例 3 中的 $\mathscr{B}$ 称为 $\mathscr{A}=\{A_1,A_2,\cdots,A_s\}$ 的**荫**. 荫与影是一对对偶的概念，它在 4.1 节例 1 的第二个解法中出现过.

4.9　上族与下族

设 $\mathscr{A}$ 是 X 的集族. 若 $\mathscr{A}$ 具有性质：

$$A\in\mathscr{A},\quad B\subset A\Rightarrow B\in\mathscr{A}, \tag{1}$$

则称 $\mathscr{A}$ 为**下族**. 类似地，若 $\mathscr{A}$ 具有性质：

$$A\in\mathscr{A},\quad B\supset A\Rightarrow B\in\mathscr{A}, \tag{2}$$

则称 $\mathscr{A}$ 为**上族**.

显然 $\mathscr{A}$ 为上(下)族，当且仅当

$$\mathscr{A}=\{A':A\in\mathscr{A}\} \tag{3}$$

为下(上)族.

若 $\mathscr{A}$ 为上族，则 $\mathscr{A}$ 中的最小元（即不包含 $\mathscr{A}$ 中其他元的元）组成 S 族. 若 $\mathscr{A}$ 为下族，则 $\mathscr{A}$ 中的最大元（即不被 $\mathscr{A}$ 中其他元包括的元）组成 S 族.

例 1 若 $\mathscr{U}$ 是 n 元集 X 的上族，$\mathscr{D}$ 是 X 的下族，则

$$|\mathscr{U}|\cdot|\mathscr{D}|\geqslant 2^n|\mathscr{U}\cap\mathscr{D}|. \tag{4}$$

证 当 $n=1$ 时，$\mathscr{U}$ 只有两种可能，即

$$\{\{1\}\}\text{ 或 }\{\{1\},\varnothing\}.$$

$\mathscr{D}$ 也仅有两种可能，即

$$\{\varnothing\}\text{ 或 }\{\{1\},\varnothing\}.$$

不难验证(4)式成立.

假设将 n 换成 $n-1$ 时，(4)式成立. 考虑 n 的情况.

将集族 $\mathscr{U}$ 分拆为集族 $\mathscr{U}_1$，$\mathscr{U}_2$，其中 $\mathscr{U}_1$ 由 $\mathscr{U}$ 中含 n 的那些集组成，$\mathscr{U}_2$ 由 $\mathscr{U}$ 中不含 n 的集组成. 由于 $\mathscr{U}$ 是上族，所以

$$|\mathscr{U}_1|\geqslant|\mathscr{U}_2|. \tag{5}$$

（$\mathscr{U}_2$ 中每个集增添 n 后成为 $\mathscr{U}_1$ 中的集.）

同样地，将 $\mathscr{D}$ 分拆为 $\mathscr{D}_1$，$\mathscr{D}_2$，其中 $\mathscr{D}_1$ 中的集含 n，$\mathscr{D}_2$ 中的集不含 n. 由于 $\mathscr{D}$ 为下族，所以

$$|\mathscr{D}_2|\geqslant|\mathscr{D}_1|. \tag{6}$$

由(5)式，(6)式归纳假设知

$$\begin{aligned}
&|\mathscr{U}|\cdot|\mathscr{D}|\\
&\quad=(|\mathscr{U}_1|+|\mathscr{U}_2|)(|\mathscr{D}_1|+|\mathscr{D}_2|)\\
&\quad=|\mathscr{U}_1|\cdot|\mathscr{D}_1|+|\mathscr{U}_2|\cdot|\mathscr{D}_2|+|\mathscr{U}_1|\cdot|\mathscr{D}_2|+|\mathscr{U}_2|\cdot|\mathscr{D}_1|\\
&\quad=|\mathscr{U}_1|\cdot|\mathscr{D}_1|+|\mathscr{U}_2|\cdot|\mathscr{D}_2|+|\mathscr{U}_1|\cdot|\mathscr{D}_1|+|\mathscr{U}_2|\cdot|\mathscr{D}_2|\\
&\qquad+(|\mathscr{U}_1|-|\mathscr{U}_2|)(|\mathscr{D}_2|-|\mathscr{D}_1|)\\
&\quad\geqslant 2(|\mathscr{U}_1|\cdot|\mathscr{D}_1|+|\mathscr{U}_2|\cdot|\mathscr{D}_2|)\\
&\quad\geqslant 2(2^{n-1}|\mathscr{U}_1\cap\mathscr{D}_1|+2^{n-1}|\mathscr{U}_2\cap\mathscr{D}_2|)\\
&\quad=2^n|\mathscr{U}\cap\mathscr{D}|.
\end{aligned}$$

(4)式称为 Kleitman 引理. 1966 年创办的杂志 Journal of Combinatorial Theory，在第一期上刊登了 Kleitman 的这个结

果. 这个引理应用极多. 由它引出了一系列的结论.

例 2　若 $\mathscr{D},\mathscr{A}$ 都是 n 元集 X 的下族,则

$$|\mathscr{D}|\cdot|\mathscr{A}|\leqslant 2^n|\mathscr{A}\cap\mathscr{D}|. \tag{7}$$

证　令 $\mathscr{U}=P(X)-\mathscr{A}$,则 $\mathscr{U}$ 为上族. 事实上,设 $A\in\mathscr{U}$,而 $B\supseteq A$,则在 $B\notin\mathscr{U}$ 时,$B\in\mathscr{A}$,从而 $A\in$ 下族 $\mathscr{A}$,与 $A\in\mathscr{U}$ 矛盾. 所以 $B\in\mathscr{U}$,$\mathscr{U}$ 为上族. 由例 1 得

$$|\mathscr{U}|\cdot|\mathscr{D}|\geqslant 2^n|\mathscr{U}\cap\mathscr{D}|,$$

即

$$(2^n-|\mathscr{A}|)\cdot|\mathscr{D}|\geqslant 2^n(|\mathscr{D}|-|\mathscr{A}\cap\mathscr{D}|),$$

从而(7)式成立.

类似地,若 $\mathscr{U},\mathscr{B}$ 都是上族,则

$$|\mathscr{U}|\cdot|\mathscr{B}|\leqslant 2^n|\mathscr{U}\cap\mathscr{B}|. \tag{8}$$

例 3　若 $\mathscr{A}$ 是 I 族,并且 $\mathscr{A}$ 中任两个元 A,B 的并集不等于 X. 证明:

$$|\mathscr{A}|\leqslant 2^{n-2}. \tag{9}$$

证　令

$$\mathscr{U}=\{B:B\supseteq\mathscr{A}\text{ 中某个集 }A\},$$
$$\mathscr{D}=\{B:B\subseteq\mathscr{A}\text{ 中某个集 }A\},$$

则 $\mathscr{U}$ 为上族,$\mathscr{D}$ 为下族,$\mathscr{U}\cap\mathscr{D}=\mathscr{A}$. 由例 1 得

$$|\mathscr{U}|\cdot|\mathscr{D}|\geqslant 2^n\cdot|\mathscr{A}|. \tag{10}$$

因为 $\mathscr{A}$ 是 I 族,所以 $\mathscr{U}$ 也是 I 族,从而由 4.5 节例 1 得

$$|\mathscr{U}|\leqslant 2^{n-1}. \tag{11}$$

又 $\mathscr{D}$ 中任意两个元素的并集不是 X,因此,由习题 9 得

$$|\mathscr{D}|\leqslant 2^{n-1}. \tag{12}$$

由(10)式,(11)式,(12)式得(9)式.

例 4　若 $\mathscr{A}_1,\mathscr{A}_2,\cdots,\mathscr{A}_k$ 均为 I 族,则

$$|\bigcup\mathscr{A}_i|\leqslant 2^n-2^{n-k}. \tag{13}$$

证　$k=1$ 的情况即 4.5 节例 1. 假设(13)式在 k 换为 $k-1$ 时成立,考虑 k 的情况.

由 4.5 节例 1 的注(2),可设$|\mathscr{A}_k|=2^{n-1}$. 令

$$\mathscr{D}=\{A:A\notin\mathscr{A}_k\},$$

则 $\mathscr{D}$ 是下族并且$|\mathscr{D}|=2^{n-1}$.

$\mathscr{B}=\bigcup\limits_{i=1}^{k-1}\mathscr{A}_i$ 如果不是上族,那么有集 $B,B\supseteq A,A\in\mathscr{B}$. 因而有 $\mathscr{A}_m(1\leqslant m\leqslant k-1)$含 A,将 B 加到 $\mathscr{A}_m$ 中,$\mathscr{A}_m$ 仍为 I 族. 通过这样的添加,直至 $\mathscr{B}$ 成为上族.

于是,由例 1 及归纳假设知

$$\begin{aligned}\left|\bigcup_{i=1}^{k}\mathscr{A}_i\right|&=|\mathscr{B}\cup\mathscr{A}_k\leqslant|\mathscr{B}\cap\mathscr{D}|+|\mathscr{A}_k|\\&\leqslant\frac{1}{2^n}|\mathscr{B}|\cdot|\mathscr{D}|+2^{n-1}\\&\leqslant\frac{1}{2^n}\cdot(2^n-2^{n-(k-1)})\cdot2^{n-1}+2^{n-1}\\&=2^n-2^{n-k}.\end{aligned}$$

(13)式中的上界是最佳的. 令 $\mathscr{A}_i$ 由含元素 i 并且不含 $1,2,\cdots,i-1$ 的那些集组成,则$|\mathscr{A}_i|=2^{n-i}(1\leqslant i\leqslant k)$.

$$\left|\bigcup_{i=1}^{k}\mathscr{A}_i\right|=\sum_{i=1}^{k}2^{n-i}=2^n-2^{n-k}.$$

4.10 四函数定理

上节 Kleitman 引理(例 1)导出一系列结果,以 1978 年 Ahlswede 与 Daykin 的四函数定理为顶峰. 本节将介绍这一定理.

设 $\mathscr{A},\mathscr{B}$ 为 X 的子集族,定义

$$\mathscr{A}\vee\mathscr{B}=\{E:E=A\cup B,A\in\mathscr{A},B\in\mathscr{B}\},\tag{1}$$

$$\mathscr{A}\wedge\mathscr{B}=\{E:E=A\cap B,A\in\mathscr{A},B\in\mathscr{B}\}.\tag{2}$$

例 1 证明:

(ⅰ) 若 $\mathscr{A},\mathscr{B}$ 为上族,则

$$\mathscr{A}\vee\mathscr{B}=\mathscr{A}\cap\mathscr{B};\tag{3}$$

(ⅱ) 若 $\mathscr{A},\mathscr{B}$ 为下族,则

$$\mathscr{A} \wedge \mathscr{B} = \mathscr{A} \cap \mathscr{B}. \tag{4}$$

证　(ⅰ) 设集合 $E\in \mathscr{A}\vee \mathscr{B}$,则 $E=A\cup B,A\in \mathscr{A},B\in \mathscr{B}$. 由于 $\mathscr{A}$ 为上族,所以 $E\in \mathscr{A},E\in \mathscr{B}$,从而 $E\in \mathscr{A}\cap \mathscr{B}$.

反之,设 $E\in \mathscr{A}\cap \mathscr{B}$,则 $E=E\cup E,E\in \mathscr{A},E\in \mathscr{B}$,所以 $E\in \mathscr{A}\vee \mathscr{B}$.

因此(3)式成立.

(ⅱ)的证明与(ⅰ)类似.

例 2　(四函数定理)若 $\alpha,\beta,\gamma,\delta$ 是四个定义在 $P(X)$ 上的非负函数,对任意 $A,B\subseteq X$,满足

$$\alpha(A)\beta(B) \leqslant \gamma(A \cup B)\delta(A \cap B), \tag{5}$$

则对 X 的任意两个子集族 $\mathscr{A},\mathscr{B}$,

$$\alpha(\mathscr{A})\beta(\mathscr{B}) \leqslant \gamma(\mathscr{A} \vee \mathscr{B})\delta(\mathscr{A} \wedge \mathscr{B}), \tag{6}$$

其中

$$\alpha(\mathscr{A}) = \sum_{A\in \mathscr{A}}\alpha(A), \tag{7}$$

$\beta(\mathscr{B}),\gamma(\mathscr{A}\vee \mathscr{B}),\delta(\mathscr{A}\vee \mathscr{B})$与此类似.

证　对 X 的元数 n 进行归纳.

$n=1$ 时,(5)式成为

$$\begin{aligned}
&\alpha(\varnothing)\beta(\varnothing) \leqslant \gamma(\varnothing)\delta(\varnothing),\\
&\alpha(\varnothing)\beta(X) \leqslant \gamma(X)\delta(\varnothing),\\
&\alpha(X)\beta(\varnothing) \leqslant \gamma(X)\delta(\varnothing),\\
&\alpha(X)\beta(X) \leqslant \gamma(X)\delta(X).
\end{aligned} \tag{8}$$

若 $\mathscr{A}$ 或 $\mathscr{B}$ 仅有一个元,则(6)式显然成立:例如 $\mathscr{A}=\{\varnothing\},\mathscr{B}=\{\varnothing,X\}$,则(6)式成为

$$\alpha(\varnothing)(\beta(\varnothing) + \beta(X)) \leqslant (\gamma(\varnothing) + \gamma(X))\delta(\varnothing),$$

即(8)式的前两个式子之和.

若 $\mathscr{A}=\mathscr{B}=\{\varnothing,X\}$,则(6)式成为

$$\begin{aligned}
&(\alpha(\varnothing) + \alpha(X))(\beta(\varnothing) + \beta(X))\\
&\quad\leqslant (\gamma(\varnothing) + \gamma(X))(\delta(\varnothing) + \delta(X)).
\end{aligned} \tag{9}$$

当 $\delta(\varnothing)=0$ 时，由(8)式的前面三式知，(9)式的左边为 $\alpha(X)\beta(X)$，因而由(8)式的第四式，(9)式成立．当 $\gamma(X)=0$ 时，情况类似．设 $\delta(\varnothing)$ 与 $\gamma(X)$ 均不为 0，则 $\gamma(\varnothing)\geqslant\dfrac{\alpha(\varnothing)\beta(\varnothing)}{\delta(\varnothing)}$，$\delta(\varnothing)\geqslant\dfrac{\alpha(X)\beta(X)}{\gamma(X)}$.

$$\begin{aligned}
&(\gamma(\varnothing)+\gamma(X))(\delta(\varnothing)+\delta(X))\\
&\quad-(\alpha(\varnothing)+\alpha(X))(\beta(\varnothing)+\beta(X))\\
&\geqslant\left(\frac{\alpha(\varnothing)\beta(\varnothing)}{\delta(\varnothing)}+\gamma(X)\right)\left(\delta(\varnothing)+\frac{\alpha(X)\beta(X)}{\gamma(X)}\right)\\
&\quad-(\alpha(\varnothing)+\alpha(X))(\beta(\varnothing)+\beta(X))\\
&=\gamma(X)\delta(\varnothing)+\frac{\alpha(\varnothing)\alpha(X)\beta(\varnothing)\beta(X)}{\delta(\varnothing)\gamma(X)}\\
&\quad-\alpha(\varnothing)\beta(X)-\alpha(X)\beta(\varnothing)\\
&=\frac{1}{\delta(\varnothing)\gamma(X)}(\gamma(X)\delta(\varnothing)\\
&\quad-\alpha(\varnothing)\beta(X))(\delta(\varnothing)\gamma(X)-\alpha(X)\beta(\varnothing))\\
&\geqslant 0 \text{（(8) 式的第二、三式）},
\end{aligned}$$

即(9)式成立．

假设结论对 $n-1$ 元集成立．考虑 n 元集 $X=Y\cup W$，其中 $Y=\{1,2,\cdots,n-1\}$，$W=\{n\}$．

对每一个集 $A\subseteq X$，令

$$A=A_1\cup A_2,\quad A_1=A\cap Y,\quad A_2=A\cap W.$$

又对任一集 $C\in P(Y)$（即 $C\subseteq Y$），定义函数

$$\alpha_1(C)=\sum_{\substack{A\in\mathscr{A}\\A_1=C}}\alpha(A),$$

则

$$\alpha(\mathscr{A})=\sum_{A\in\mathscr{A}}\alpha(A)=\sum_{C\in P(Y)}\sum_{\substack{A\in\mathscr{A}\\A_1=C}}\alpha(A)$$

$$= \sum_{C \in P(Y)} \alpha_1(C) = \alpha_1(P(Y)).$$

类似地，可以定义 $\beta_1,\gamma_1,\delta_1$，并且得到

$$\beta(\mathscr{B}) = \beta_1(P(Y)),$$
$$\gamma(\mathscr{A} \vee \mathscr{B}) = \gamma_1(P(Y)),$$
$$\delta(\mathscr{A} \wedge \mathscr{B}) = \delta_1(P(Y)).$$

若对所有 $C,D \in P(Y)$，有

$$\alpha_1(C)\beta_1(D) \leqslant \gamma_1(C \cup D)\delta_1(C \cap D), \tag{10}$$

则由归纳假设知

$$\begin{aligned}\alpha(\mathscr{A})\beta(\mathscr{B}) &= \alpha_1(P(Y))\beta_2(P(Y)) \\ &\leqslant \gamma_1(P(Y))\beta_1(P(Y)) = \gamma(\mathscr{A} \vee \mathscr{B})\delta(\mathscr{A} \wedge \mathscr{B}).\end{aligned}$$

因此只需证明(10)式.

固定 C,D. 对集 $R \in P(W)$（即 $R \subseteq W$）定义

$$\alpha_2(R) = \begin{cases} \alpha(R \cup C), & \text{若 } R \cup C \in \mathscr{A}; \\ 0, & \text{其他}. \end{cases}$$

$$\beta_2(R) = \begin{cases} \beta(R \cup D), & \text{若 } R \cup D \in \mathscr{B}; \\ 0, & \text{其他}. \end{cases}$$

$$\gamma_2(R) = \begin{cases} \gamma(R \cup (C \cup D)), & \text{若 } R \cup (C \cup D) \in \mathscr{A} \vee \mathscr{B}; \\ 0, & \text{其他}. \end{cases}$$

$$\delta_2(R) = \begin{cases} \delta(R \cup (C \cap D)), & \text{若 } R \cup (C \cap D) \in \mathscr{A} \wedge \mathscr{B}; \\ 0, & \text{其他}. \end{cases}$$

则

$$\begin{aligned}\alpha_1(C) &= \sum_{\substack{A \in \mathscr{A} \\ A_1 = C}} \alpha(A) = \sum_{R \subseteq W} \sum_{\substack{A \in \mathscr{A} \\ A_1 = C \\ A_2 = R}} \alpha(A) \\ &= \sum_{R \subseteq W} \alpha_2(R) = \alpha_2(P(W)),\end{aligned}$$

同样

$$\beta_1(D) = \beta_2(P(W)),$$
$$\gamma_1(C \cup D) = \gamma_2(P(W)),$$

$$\delta_1(C\cap D)=\delta_2(P(W)).$$

若对所有 $R,Q\in P(W)$，均有

$$\alpha_2(R)\beta_2(Q)<\gamma_2(R\cup Q)\delta_2(R\cap Q),\tag{11}$$

则由 $n=1$ 时的结论得

$$\begin{aligned}\alpha_1(C)\beta_1(D)&=\alpha_2(P(W))\beta_2(P(W))\\&\leqslant\gamma_2(P(W))\delta_2(P(W))=\gamma_1(C\cup D)\delta_1(C\cap D),\end{aligned}$$

即(10)式成立.

最后，我们证明(11)式成立. 若 $\alpha_2(R)\beta_2(Q)=0$，(11)式显然成立. 设 $\alpha_2(R)\beta_2(Q)\neq 0$，则

$$R\cup C\in\mathscr{A},Q\cup D\in\mathscr{B},$$
$$\alpha_2(R)\beta_2(Q)=\alpha(R\cup C)\beta(Q\cup D),$$

并且

$$(R\cup Q)\cup(C\cup D)=(R\cup C)\cup(Q\cup D)\in\mathscr{A}\vee\mathscr{B},$$
$$(R\cap Q)\cup(C\cap D)=(R\cup C)\cap(Q\cup D)\in\mathscr{A}\wedge\mathscr{B},$$
$$\begin{aligned}&\gamma_2(R\cup Q)\beta_2(R\cap Q)\\&\quad=\gamma((R\cup C)\cup(Q\cup D))\delta((R\cup C)\cap(Q\cup D)).\end{aligned}$$

于是由(5)式得(11)式($A=R\cup C,B=Q\cup D$).

四函数定理有众多的应用.

例 3 若 $\mathscr{A},\mathscr{B}$ 为 X 的集，则

$$|\mathscr{A}|\cdot|\mathscr{B}|\leqslant|\mathscr{A}\vee\mathscr{B}|\cdot|\mathscr{A}\wedge\mathscr{B}|.\tag{12}$$

解 在例 2 中取 $\alpha=\beta=\gamma=\delta=1$ 即得.

例 4 试用四函数定理证明 Kleitman 引理(4.9 节例 1).

证 令 $\mathscr{A}=\mathscr{U}\cap\mathscr{D},\mathscr{B}=P(X)$. $\mathscr{A}\vee\mathscr{B}$ 中任一元可表为 $A\cup B,A\in\mathscr{A},B\in\mathscr{B}$. 因为 $A\in\mathscr{U}$，而 $\mathscr{U}$ 为上族，所以 $A\cup B\in\mathscr{U}$. 从而 $\mathscr{A}\vee\mathscr{B}\subseteq\mathscr{U}$. $\mathscr{A}\wedge\mathscr{B}$ 中任一元可表为 $A\cap B,A\in\mathscr{A},B\in\mathscr{B}$. 因为 $A\in\mathscr{D}$，而 $\mathscr{D}$ 为下族，所以 $A\cap B\in\mathscr{D}$. 从而 $\mathscr{A}\wedge\mathscr{B}\subseteq\mathscr{D}$.

由(12)式得

$$\begin{aligned}2^n|\mathscr{U}\cap\mathscr{D}|&=|\mathscr{A}|\cdot|\mathscr{B}|\\&\leqslant|\mathscr{A}\vee\mathscr{B}|\cdot|\mathscr{A}\wedge\mathscr{B}|\leqslant|\mathscr{U}|\cdot|\mathscr{D}|.\end{aligned}$$

例 5　令 $\mathscr{A}-\mathscr{B}=\{A-B: A\in\mathscr{A}, B\in\mathscr{B}\}$，证明对任一集族 $\mathscr{A}$，

$$|\mathscr{A}-\mathscr{A}|\geqslant|\mathscr{A}|. \tag{13}$$

证　令 $\mathscr{A}'=\{A': A\in\mathscr{A}\}$. 由(12)式得

$$\begin{aligned}|\mathscr{A}|\cdot|\mathscr{B}| &= |\mathscr{A}|\cdot|\mathscr{B}'| \\ &\leqslant |\mathscr{A}\vee\mathscr{B}'|\cdot|\mathscr{A}\wedge\mathscr{B}'| \\ &= |(\mathscr{A}\vee\mathscr{B}')'|\cdot|\mathscr{A}\wedge\mathscr{B}'| \\ &= |\mathscr{A}'\wedge\mathscr{B}|\cdot|\mathscr{A}\wedge\mathscr{B}'| \\ &= |\mathscr{B}-\mathscr{A}|\cdot|\mathscr{A}-\mathscr{B}|.\end{aligned}$$

取 $\mathscr{B}=\mathscr{A}$，得 $|\mathscr{A}|^2\leqslant|\mathscr{A}-\mathscr{A}|^2$，即(13)式成立.

4.11　*H* 族

Helly 定理是众所周知的：在平面上的 n 个凸集，如果每三个均有公共点，那么这 n 个凸集必有公共点（例如参看拙著《覆盖》，上海教育出版社 1983 年出版）. 换句话说，如果这 n 个凸集没有公共点，那么其中必有三个凸集没有公共点.

H 族（Helly 族）的定义即由此而来.

设 $\mathscr{A}$ 是 X 的子集族. 如果对于 $\mathscr{A}$ 的任一个子族 $\mathscr{B}=\{B_1, B_2, \cdots, B_s\}\subseteq\mathscr{A}$，当

$$\bigcap_{B\in\mathscr{B}} B = B_1\cap B_2\cap\cdots\cap B_s=\varnothing \tag{1}$$

时，均可从 $B_1, B_2, \cdots, B_s$ 中取出至多 k 个，它们的交为空集，那么 $\mathscr{A}$ 就称为 H 族.

H_1 族中，所有非空子集的交必须非空（否则由(1)式导出 $B_1, B_2, \cdots, B_s$ 中至少有一个为空集）. 反之，交非空的一些非空子集组成 H_1 族，将空集添加进去也还是 H 族.

H_2 族也常简称为 H 族. 在这种族中，如果每两个非空子集均有公共元，那么族中所有非空子集也有公共元. 数轴上的闭区间所成的族就是 H_2 族.

平面上的凸集所成的族是 H_3 族.

显然,当 $k\geqslant|\mathscr{A}|$ 时,$\mathscr{A}$ 是 H_k 族.又由定义易知:

(ⅰ) H_k 族的子集一定是 H_k 族;

(ⅱ) H_{k-1} 族一定是 H_k 族.但 H_k 族不一定是 H_{k-1} 族.如果 $\mathscr{A}$ 是 H_k 族而不是 H_{k-1} 族,那么 $\mathscr{A}$ 中有 k 个集 $A_1,A_2,\cdots,A_k$,满足

$$A_1\cap A_2\cap\cdots\cap A_k=\varnothing.\tag{2}$$

但 $A_1,A_2,\cdots,A_k$ 中任意 $k-1$ 个的交都不是空集;

(ⅲ) 设 $\mathscr{A}=\{A_1,A_2,\cdots,A_t\}$ 是 H_k 族,那么

$$\mathscr{B}=\{A_{i_1}\cap A_{i_2}\cap\cdots\cap A_{i_s}\mid 1\leqslant i_1<i_2<\cdots<i_s\leqslant t\}$$

也是 H_k 族(若 $\mathscr{B}$ 中子集 $B_1,B_2,\cdots,B_u$ 的交为空集,则由于每个 B_i 为若干个 $A\in\mathscr{A}$ 的交,所以必有若干个 A 的交为空集,不妨设 $A_1,A_2,\cdots,A_v$ 的交为空集,并且每个 $A_i(1\leqslant i\leqslant v)$ 至少包含一个 $B_{j_i}(1\leqslant j_i\leqslant u)$.因为 $\mathscr{A}$ 是 H_k 族,在 $A_i(1\leqslant i\leqslant v)$ 中有 $l\leqslant k$ 个的交为空集,含于这 l 个 A_i 中的相应的 B_{j_i}(其中可能有相等的),个数 $\leqslant l\leqslant k$,而且交为空集).

为了讨论 H 族的最大元数,我们需要一点准备,即下面的例 1,它本身也是很有趣的.

例 1 设 $A_1,A_2,\cdots,A_t;B_1,B_2,\cdots,B_t$ 都是 n 元集 X 的子集,满足:

(ⅰ) $A_i\cap B_i=\varnothing(i=1,2,\cdots,t)$;

(ⅱ) 当 $i\neq j$ 时,A_i 不是 $A_j\cup B_j$ 的子集 $(i,j=1,2,\cdots,t)$.

设 $|A_i|=a_i,|B_i|=b_i$,

$$w(i)=w(a_i,b_i,n)=\frac{1}{\mathrm{C}_{n-b_i}^{a_i}},\tag{3}$$

则

$$\sum_{i=1}^{t}w(i)\leqslant 1.\tag{4}$$

当且仅当 $B_1=B_2=\cdots=B_t=B,A_1,A_2,\cdots,A_t$ 为 $X-B$ 的全部 a 元子集 $(1\leqslant a\leqslant n-|B|)$ 时,(4)式中等号成立.

解　对 n 进行归纳. $n=1$ 时 $t=1, A_1=X, B_1=\varnothing$，结论显然成立. 设结论对 $n-1$ 成立，考虑 n 元集 X 的情形.

不妨设 $A_i\cup B_i\neq X$（否则由（ⅱ）得 $t=1$，结论显然. $i=1,2,\cdots,t$）. 因而 $a_i+b_i\leqslant n(1\leqslant i\leqslant t)$.

令 $X_1,X_2,\cdots,X_n$ 为 X 的全部 $n-1$ 元子集（$j\notin X_j, j=1,2,\cdots,n$）. 对 $1\leqslant j\leqslant n$，令

$$I_j=\{i\mid 1\leqslant i\leqslant t, A_i\subseteq X_j\}.$$

又对 $i\in I_j$，令

$$B_{ij}=B_i\cap X_j,\quad b_{ij}=|B_{ij}|,$$

$$w_{j(i)}=w(a_i,b_{ij},n-1)=\frac{1}{\mathrm{C}_{n-1-b_{ij}}^{a_i}}.$$

对 $n-1$ 元集 X_j 及其 $A_i, B_{ij}(i\in I_j)$，由归纳假设知

$$\sum_{i\in I_j}\omega_{j(i)}\leqslant 1\quad(j=1,2,\cdots,n).\tag{5}$$

含 A_i 的 X_j 共有 $n-a_i$ 个，其中含 B_i 的 X_j 共有 $n-a_i-b_i$ 个，不含 B_i 的 X_j 共有 b_i 个. 对不含在 X_j 中的 B_i，$b_{ij}=|B_{ij}|=b_i-1$，$w_{j(i)}=\dfrac{1}{\mathrm{C}_{n-b_i}^{a_i}}$. 因此对固定 i，有

$$\begin{aligned}\sum_{i\in I_j}w_{j(i)}&=(n-a_i-b_i)\times\frac{1}{\mathrm{C}_{n-1-b_i}^{a_i}}+b_i\times\frac{1}{\mathrm{C}_{n-b_i}^{a_i}}\\&=(n-b_i)\times\frac{1}{\mathrm{C}_{n-b_i}^{a_i}}+b_i\times\frac{1}{\mathrm{C}_{n-b_i}^{a_i}}=nw(i).\end{aligned}\tag{6}$$

综合(5)式，(6)式得

$$n=\sum_{j=1}^{n}1\geqslant\sum_{j=1}^{n}\sum_{i\in I_j}w_{j(i)}=\sum_{i=1}^{t}\sum_{i\in I_j}w_{j(i)}=n\sum_{i=1}^{t}w(i),$$

即(4)式成立.

若(4)式中等号成立，则(5)式中等号成立. 可由归纳假设得出等号成立的条件，参见习题 31.

注　(1) 条件（ⅱ）隐含 A_i 均不是空集.

(2) 当 $a_1=a_2=\cdots=a_t=a, b_1=b_2=\cdots=b_t=b$ 时,(4)式成为 $t\leqslant C_{n-b}^{a}$.

称 $r+1$ 元集的全部($r+1$ 个)r 元子集所成的族为 $K^{(r+1)}$.

例 2 设在子集族 $\mathscr{A}=\{A_1, A_2, \cdots, A_t\}$ 中,每个集 A_i 的元数$\leqslant r$,则 $\mathscr{A}$ 为 H_r 族的充分必要条件是 $\mathscr{A}$ 不含 $K^{(r+1)}$.

证 若 $\mathscr{A}$ 含有 $K^{(r+1)}$, $K^{(r+1)}$ 中各子集的并集为$\{1,2,\cdots,r+1\}$,则 $K^{(r+1)}$ 由 $B_i=\{1,2,\cdots,r+1\}-\{i\}(i=1,2,\cdots,r+1)$这 $r+1$ 个子集组成. B_1 不含 1, B_2 不含 2, $\cdots$, B_{r+1}不含 $r+1$,因此 $B_1\cap B_2\cap\cdots\cap B_{r+1}=\varnothing$. 但任意 r 个子集的交 $B_1\cap\cdots\cap B_{i-1}\cap B_{i+1}\cap\cdots\cap B_{r+1}=\{i\}\neq\varnothing$. 所以 $\mathscr{A}$ 不是 H_r 族.

反之,设 $\mathscr{A}$ 不是 H_r 族. 因为 $\mathscr{A}$ 是 H_n 族,所以必存在 $k\geqslant r$,使 $\mathscr{A}$ 为 H_{k+1}族,但不是 H_k 族. 因此, $\mathscr{A}$ 中必存在 $A_1, A_2, \cdots, A_{k+1}$的交为空集,但它们中每 k 个的交非空. 设 $x_i\in\bigcap_{\substack{1\leqslant j\leqslant k+1\\ j\neq i}} A_j$,则 $x_i\notin A_i$. 因此, $x_1, x_2, \cdots, x_{k+1}$互不相同, $|A_j|\geqslant k\geqslant r$,但已知 $|A_j|\leqslant r$,所以, $|A_j|=k=r$. $A_1, A_2, \cdots, A_{r+1}$构成族 $K^{(r+1)}$,即 $\mathscr{A}$ 必含 $K^{(r+1)}$.

从上面的证明顺便得到:对任意 $k\geqslant r+1$, $\mathscr{A}$ 一定是 H_k 族.

例 3 若 $k<r$, $\mathscr{A}=\{A_1, A_2, \cdots, A_t\}$是 H_k 族,并且 $A_i(1\leqslant i\leqslant t)$都是 r 元集,则

$$t\leqslant C_{n-1}^{r-1}. \tag{7}$$

当且仅当 $\mathscr{A}$ 由含某一元素 $x\in X$ 的所有 r 元子集组成时,等式成立.

证 考虑集族

$$\mathscr{B}=\{B: |B|=r-1,\text{并且 } B=A_i\cap A_j, 1\leqslant i<j\leqslant t\}.$$

由前面的(ⅲ),(ⅰ)知, $\mathscr{B}$ 是 H_k 族. 再由(ⅱ)知, $\mathscr{B}$ 也是 H_{r-1}族,因此 $\mathscr{B}$ 不含 $K^{(r)}$. 每个 A_i 是 r 元集,它必有一个 $r-1$ 元子集 $C_i\notin\mathscr{B}$(因为 $\mathscr{B}$ 不含 $K^{(r)}$). C_i 不含于任一 $A_j(j\neq i)$(否则 $C_i=A_i\cap A_j$, $C_i\in\mathscr{B}$).

对 $C_1,C_2,\cdots,C_t$ 及 $A_1-C_1,A_2-C_2,\cdots,A_t-C_t$，应用例 1 的注(2)($a=|C_1|=\cdots=|C_t|=r-1,b=|A_1-C_1|=\cdots=|A_t-C_t|=1$)得

$$t\leqslant C_{n-1}^{r-1}.$$

等号成立导出 $A_1-C_1=A_2-C_2=\cdots=A_t-C_t=\{x\}$，即 $A_1,A_2,\cdots,A_t$ 是含某一元素 $x\in X$ 的全体 r 元子集.

因此，若 $\mathscr{A}=\{A_1,A_2,\cdots,A_t\}$ 是 r 元子集所成的族，并且是 H_k 族. 则当 $k<r$ 时，t 的最大值为 C_{n-1}^{r-1}. 当 $k\geqslant r+1$ 时，t 的最大值为 C_n^r，即 $\mathscr{A}$ 可由全体 r 元子集组成(参见例 2 最后的一句话). $k=r$ 时，尚无精确的结论. 但下面的例 4 讨论了 $\mathscr{A}$ 中子集的元数为 r 或 $r+1$ 的情况.

例 4　若 $\mathscr{A}=\{A_1,A_2,\cdots,A_t\}$ 为 H_r 族，并且 $|A_i|=r$ 或 $r+1(1\leqslant i\leqslant t)$，则

$$t\leqslant C_n^r. \tag{8}$$

证　将 $\mathscr{A}$ 分为两个部分，$\mathscr{A}_1=\{A_1,A_2,\cdots,A_s\}$，$\mathscr{A}_2=\{A_{s+1},\cdots,A_t\}$. 其中 $|A_1=\cdots=|A_s|=r+1$，$|A_{s+1}|=\cdots=|A_t|=r$. 与例 3 类似，令

$$\mathscr{B}=\{B:|B|=r,B=A_i\cap A_j,1\leqslant i<j\leqslant s\}.$$

因为 $\mathscr{A}$ 为 H_r 族，由前面的(ⅲ)，(ⅰ)知，$\mathscr{B}\cup\mathscr{A}_2$ 也是 H_r 族. 于是由例 2 知，$\mathscr{B}\cup\mathscr{A}_2$ 不含 $K^{(r+1)}$. 每个 $A_i(1\leqslant i\leqslant s)$ 必有一 r 元子集 $C_i\notin\mathscr{B}\cup\mathscr{A}_2$. C_i 不是 $A_j(1\leqslant j\leqslant s,j\neq i)$ 的子集(否则 $C_i\in\mathscr{B}$). 于是 $s\leqslant$ 不属于 $\mathscr{B}\cup\mathscr{A}_2$ 的 r 元子集的个数.

$$t=|\mathscr{A}_1|+|\mathscr{A}_2|\leqslant \text{全部 } r \text{ 元子集的个数 } C_n^r.$$

任取一元素 $x\in X$. 若 $\mathscr{A}$ 由全部含 x 的 r 元与 $r+1$ 元子集组成，则 $\mathscr{A}$ 显然为 H_1 族(因而也是 H_r 族)并且

$$|\mathscr{A}|=C_{n-1}^{r-1}+C_{n-1}^r=C_n^r.$$

所以(8)式中上界为最佳.

4.12　相距合理的族

本节需量一点线性代数的知识.

$\mathscr{A}=\{A_1,A_2,\cdots,A_t\}$是 n 元集 X 的子集族. 如果对 $\mathscr{A}$ 中任意两个集 A_i,A_j,均有

$$|A_i \triangle A_j| \geqslant \frac{n}{2}, \tag{1}$$

那么 $\mathscr{A}$ 称为**相距合理的族**.

相距合理的族与编码理论有关.

对每一个集 A_j,可以定义

$$x_i = \begin{cases} 1, & \text{若 } i \in A_j; \\ -1, & \text{若 } i \notin A_j. \end{cases} \quad (i = 1,2,\cdots,n)$$

这就得一个与 A_j 相对应的、长为 n 的、1 与 -1 的码(序列)

$$\alpha_j = (x_1, x_2, \cdots, x_n).$$

对两个码 $\alpha_j=(x_1,x_2,\cdots,x_n)$,$\alpha_k=(y_1,y_2,\cdots,y_n)$,定义它们的**积**(**内积**)为

$$\alpha_j\alpha_k = x_1y_1 + x_2y_2 + \cdots + x_ny_n. \tag{2}$$

(2)式右边负项的个数就是恰属于 A_j,A_k 之一的那些 i 的个数. 因此

$$\alpha_j\alpha_k = n - 2|A_j \triangle A_k|. \tag{3}$$

对相距合理的族,$\alpha_j\alpha_k\leqslant 0$.

为了定出相距合理的族 $\mathscr{A}$ 的元数 t 的最大值,需要一个引理,即下面的例 1.

例 1　若 n 维空间中 $n+r$ 个非零向量 $\boldsymbol{\alpha}_1,\boldsymbol{\alpha}_2,\cdots,\boldsymbol{\alpha}_{n+r}$,满足内积

$$(\boldsymbol{\alpha}_i,\boldsymbol{\alpha}_j) \leqslant 0 \quad (1 \leqslant i < j \leqslant n+r)$$

(即每两个 $\boldsymbol{\alpha}_i,\boldsymbol{\alpha}_j$ 之间的夹角不是锐角),则 $r\leqslant n$,并且这 $n+r$ 个向量可分为 r 组,每两个不同组的向量互相垂直(即内积为 0). 当 $r=n$ 时,这 $2n$ 个向量可分为 n 组,每组两个向量. 每两个不同组的向量互相垂直;同一组的两个向量方向相反.

证　采用归纳法. $n=1$ 时,结论显然. 假设结论在 n 换为较小的数时成立,考虑 n 的情况. 从 $n+r$ 个向量中任取 $n+1$ 个,

例如 $\boldsymbol{\alpha}_1,\boldsymbol{\alpha}_2,\cdots,\boldsymbol{\alpha}_{n+1}$，它们必线性相关，即有不全为0的实数 $k_1,k_2,\cdots,k_{n+1}$ 使

$$k_1\boldsymbol{\alpha}_1+k_2\boldsymbol{\alpha}_2+\cdots+k_{n+1}\boldsymbol{\alpha}_{n+1}=0.$$

不妨设其中 $k_1,k_2,\cdots,k_j$ 为正，其余的非正，移项得

$$k_1\boldsymbol{\alpha}_1+k_2\boldsymbol{\alpha}_2+\cdots+k_j\boldsymbol{\alpha}_j=-k_{j+1}\boldsymbol{\alpha}_{j+1}-\cdots-k_{n+1}\boldsymbol{\alpha}_{n+1}. \quad (4)$$

两边同乘 $k_1\boldsymbol{\alpha}_1+\cdots+k_j\boldsymbol{\alpha}_j$，得

$$\begin{aligned}0&\leqslant(k_1\boldsymbol{\alpha}_1+k_2\boldsymbol{\alpha}_2+\cdots+k_j\boldsymbol{\alpha}_j)^2\\&=(k_1\boldsymbol{\alpha}_1+k_2\boldsymbol{\alpha}_2+\cdots+k_j\boldsymbol{\alpha}_j)\cdot(-k_{j+1}\boldsymbol{\alpha}_{j+1}-\cdots-k_{n+1}\boldsymbol{\alpha}_{n+1}).\end{aligned}$$

上式右边用分配律展开后，每一项均不大于0，因此必有

$$k_1\boldsymbol{\alpha}_1+k_2\boldsymbol{\alpha}_2+\cdots+k_j\boldsymbol{\alpha}_j=0, \quad (5)$$

其中 $j\leqslant n+1$.

用 $\boldsymbol{\alpha}_i(i>j)$ 乘(5)式，得

$$0=k_1\boldsymbol{\alpha}_1\boldsymbol{\alpha}_i+k_2\boldsymbol{\alpha}_2\boldsymbol{\alpha}_i+\cdots+k_j\boldsymbol{\alpha}_j\boldsymbol{\alpha}_i\leqslant 0. \quad (6)$$

(因为 $k_1,k_2,\cdots,k_j$ 均为正数)，所以

$$\boldsymbol{\alpha}_1\boldsymbol{\alpha}_i=\boldsymbol{\alpha}_2\boldsymbol{\alpha}_i=\cdots=\boldsymbol{\alpha}_j\boldsymbol{\alpha}_i=0. \quad (7)$$

因此 $\boldsymbol{\alpha}_1,\boldsymbol{\alpha}_2,\cdots,\boldsymbol{\alpha}_j$ 生成的空间维数 $n_1<n$，并且 $\boldsymbol{\alpha}_{j+1},\cdots,\boldsymbol{\alpha}_{n+r}$ 均与这个空间垂直. 设后者生成的空间维数为 n_2，则 $n_1+n_2\leqslant n$.

(5)式表明 $\boldsymbol{\alpha}_1,\boldsymbol{\alpha}_2,\cdots,\boldsymbol{\alpha}_j$ 线性相关，所以 $j\geqslant n_1+1$. 设 $j=n_1+r_1,n+r-j=n_2+r_2$.

由归纳假设知，$r_1\leqslant n_1,r_2\leqslant n_2$，并且 $\boldsymbol{\alpha}_1,\boldsymbol{\alpha}_2,\cdots,\boldsymbol{\alpha}_j$ 可分为 r_1 组，$\boldsymbol{\alpha}_{j+1},\cdots,\boldsymbol{\alpha}_{n+r}$ 可分为 r_2 组，每两个不同组的向量互相垂直. 而

$$\begin{aligned}r&=(r_1+r_2+n_1+n_2)-n\leqslant r_1+r_2\\&\leqslant n_1+n_2\leqslant n.\end{aligned}$$

当 $r=n$ 时，$n_1+n_2=n,r_1=n_1,r_2=n_2$. 仍由归纳假设知，$2n_1$ 个向量 $\boldsymbol{\alpha}_1,\boldsymbol{\alpha}_2,\cdots,\boldsymbol{\alpha}_j$ 可分为 n_1 组，每组两个向量，$2n_2$ 个向量 $\boldsymbol{\alpha}_{j+1},\cdots,\boldsymbol{\alpha}_{2n}$ 也可分为 n_2 组，每组两个向量，并且每两个不同组的向量互相垂直，同一组的两个向量方向相反.

例 2 设 $\mathscr{A}=\{A_1,A_2,\cdots,A_t\}$是 n 元集 X 的相距合理的族,则

$$t\leqslant\begin{cases}2n, & 若\ n\equiv 0(\mathrm{mod}\ 4); & (8)\\ n+1, & 若\ n\ 为奇数; & (9)\\ n+2, & 若\ n\equiv 2(\mathrm{mod}\ 4). & (10)\end{cases}$$

证 定义向量 $\boldsymbol{\alpha}_j(j=1,2,\cdots,t)$如本节开头所说,则

$$\boldsymbol{\alpha}_i\boldsymbol{\alpha}_j=n-2\mid A_j\triangle A_i\mid\leqslant 0. \tag{11}$$

由例 1 知,$t\leqslant 2n$. 即(8)式成立.

若 $t\geqslant n+2$,则由例 1 知,$\boldsymbol{\alpha}_1,\boldsymbol{\alpha}_2,\cdots,\boldsymbol{\alpha}_t$ 至少可分为两个组,不同组的两个向量 $\boldsymbol{\alpha}_i,\boldsymbol{\alpha}_j$ 垂直,因此

$$n-2\mid A_i\triangle A_j\mid=\boldsymbol{\alpha}_i\boldsymbol{\alpha}_j=0. \tag{12}$$

从而 n 为偶数,即(9)式成立.

最后,若 $t\geqslant n+3$,则由例 1 知,至少有三个向量 $\boldsymbol{\alpha}_i,\boldsymbol{\alpha}_j,\boldsymbol{\alpha}_k$ 两两垂直,从而由(12)式得

$$\mid A_i\triangle A_j\mid=\mid A_j\triangle A_k\mid=\mid A_k\triangle A_i\mid=\frac{n}{2};$$

而由 1.10 节例 2 得

$$\mid A_j'\triangle A_k\mid=\mid X-(A_j\triangle A_k)\mid=n-\frac{n}{2}=\frac{n}{2}.$$

所以

$$\mid A_i\triangle A_j\mid+\mid A_j'\triangle A_k\mid-\mid A_i'\triangle A_k\mid=\frac{n}{2}. \tag{13}$$

由习题 5 知,(13)式的左边是偶数

$$2\mid A_i\cap A_j'\cap A_k'\mid+2\mid A_i'\cap A_j\cap A_k\mid.$$

因此,n 是 4 的倍数,即(10)式成立.

(8)式,(9)式,(10)式中等号均可成立. 这与 Hadamard 矩阵有关,请参看有关专著.

例 3 若在 $\mathscr{A}=\{A_1,A_2,\cdots,A_t\}$中,每两个子集 A_i,A_j 均满

足

$$|A_i \triangle A_j| = k, \tag{14}$$

则当 $k=\frac{n+1}{2}$ 时，$t\leqslant n+1$，对其他的 k 值，$t\leqslant n$.

证　$n=1$ 的情况是平凡的. 设 $n\geqslant 2$. 定义 $\boldsymbol{\alpha}_1,\boldsymbol{\alpha}_2,\cdots,\boldsymbol{\alpha}_t$ 同前，由(11)式知，对 $i\neq j$，有

$$\boldsymbol{\alpha}_i\boldsymbol{\alpha}_j = n-2k, \tag{15}$$

$$\boldsymbol{\alpha}_i^2 = n. \tag{16}$$

若 $\boldsymbol{\alpha}_1,\boldsymbol{\alpha}_2,\cdots,\boldsymbol{\alpha}_t$ 线性无关，则 $t\leqslant n$，结论已经成立. 设 $\boldsymbol{\alpha}_1,\boldsymbol{\alpha}_2,\cdots,\boldsymbol{\alpha}_t$ 线性相关，则有 $k_1,k_2,\cdots,k_t$ 不全为 0，满足

$$k_1\boldsymbol{\alpha}_1+k_2\boldsymbol{\alpha}_2+\cdots+k_t\boldsymbol{\alpha}_t=0. \tag{17}$$

两边同乘 $\boldsymbol{\alpha}_j$，得

$$0=\sum_{i=1}^{t}k_i\boldsymbol{\alpha}_i\boldsymbol{\alpha}_j=(n-2k)\sum_{i=1}^{t}k_i+2kk_j,$$

从而

$$k_j=\frac{2k-n}{2k}\sum_{i=1}^{t}k_i. \tag{18}$$

由于有 k_j 不全为 0，所以 $\sum\limits_{i=1}^{t}k_i\neq 0$. 将(18)式对 j 求和，得

$$\sum_{i=1}^{t}k_j=\frac{t(2k-n)}{2k}\sum_{i=1}^{t}k_i,$$

从而 $\frac{t(2k-n)}{2k}=1$，即 $t=\frac{2k}{2k-n}$. 若 $t>n$，则

$$\frac{2k}{2k-n}>n. \tag{19}$$

(19)式表明 $b=2k-n>0$，从而 $n+b>bn$，$1>(b-1)(n-1)$. 于是 $b=1$，$k=\frac{n+1}{2}$.

例 3 中的 $|A_i\triangle A_j|$ 改为 $|A_i\cap A_j|$ 时，有类似的结果.

例 4 设在子集族 $\mathscr{A}=\{A_1,A_2,\cdots,A_t\}$ 中，每两个子集 A_i，A_j，均满足

$$|A_i \cap A_j| = k, \tag{20}$$

则当 $k=0$ 时，$t\leqslant n+1$. 其他情况 $t\leqslant n$.

证 若有某个集，例如 A_1，满足 $|A_1|=k$，则所有 $A_j\supset A_1$ ($j=2,3,\cdots,t$)，并且每两个 A_j，A_r 除 A_1 的元外无其他公共元. 因而 $X-A_1$ 的 $n-k$ 个元，每一个至多属于一个 A_j ($j=2,3,\cdots,t$)，同时每个 A_j ($j=2,3,\cdots,t$) 至少含这 $n-k$ 个元中一个元. 这表明 $n-k\geqslant t-1$，即 $t\leqslant n+1-k$，结论成立.

设每个集 A_i 的元数 $a_i=|A_i|\geqslant k+1$.

对每一个集 A_j，定义

$$x_i = \begin{cases} 1, & 若\ i \in A_j; \\ 0, & 若\ i \notin A_j. \end{cases} \quad (i = 1,2,\cdots,n)$$

这样就得到一个与 A_j 对应的、长为 n 的、1 与 0 的序列(码)

$$\boldsymbol{\alpha}_j = (x_1, x_2, \cdots, x_n).$$

显然内积

$$\boldsymbol{\alpha}_i\boldsymbol{\alpha}_j = |A_i \cap A_j| \quad (i \neq j) \tag{21}$$

$$\boldsymbol{\alpha}_i^2 = \boldsymbol{\alpha}_i\boldsymbol{\alpha}_i = a_i. \tag{22}$$

我们证明 $\boldsymbol{\alpha}_1,\boldsymbol{\alpha}_2,\cdots,\boldsymbol{\alpha}_t$ 线性无关，从而 $t\leqslant n$. 为此，设有

$$\sum_{i=1}^{t} k_i\boldsymbol{\alpha}_i = 0. \tag{23}$$

与例 3 相同，在(23)式两边同乘 $\boldsymbol{\alpha}_j$ 得

$$0 = \sum_{i=1}^{t} k_i\boldsymbol{\alpha}_i\boldsymbol{\alpha}_j = k\sum_{i=1}^{t} k_i + (a_j - k)k_j,$$

从而

$$k_j = \frac{k}{k-a_j}\sum_{i=1}^{t} k_i = \frac{k}{k-a_j}S. \tag{24}$$

再对 j 求和得

$$S=\sum_{j=1}^{t}k_j=S\sum_{j=1}^{t}\frac{k}{k-a_j}. \tag{25}$$

因为 $a_j \geqslant k+1$,所以$\sum_{j=1}^{t}\frac{k}{k-a_j}<0<1$. 于是由

$$\left(1-\sum_{j=1}^{t}\frac{k}{k-a_j}\right)S=0,$$

得 $S=0$. 再由(24)式得一切 $k_j=0$. 从而 $\boldsymbol{\alpha}_1,\boldsymbol{\alpha}_2,\cdots,\boldsymbol{\alpha}_t$ 线性无关. 结论成立.

第5章 无 限 集

5.1 无限集

通俗地说，无限集就是元数为无限（无穷）的集合. 但是，什么是“无限”呢？如果我们回答：

无限就是无限集的元数，

那么不仅成为循环定义. 而且，无法进行更深入的研究.

利用对应可以比较两个集合元素的多寡，也可以定义什么是无限集.

定义 如果集合 A 能够与它的一个真子集一一对应，那么 A 就称为**无限集**.

显然，两个有限集如果能一一对应，它们的元数就一样多. 因此，一个有限集不可能与（元数比它少的）真子集一一对应.

例 1 证明：自然数集 $\mathbf{N}$ 与全体正偶数的集 M 之间存在一一对应.

证 令 $n \overset{f}{\mapsto} 2n$，则 f 是从 $\mathbf{N}$ 到 M 的对应. 不同的 n，像 $f(n)=2n$ 也不同. 并且 M 中的每一个数 $2n$，都有原像 n 满足 $f(n)=2n$. 所以 f 是一一对应.

M 显然是 $\mathbf{N}$ 的真子集. 因此，根据上面的定义，$\mathbf{N}$ 是无限集.

例 2 如果集合 A,B 之间有一对应 f，A 为无限集，那么 B 也是无限集.

证 因为 A 为无限集，所以有 A 的真子集 A_1 及一一对应 $\varphi: A \to A_1$.

对任一 $b \in B$，有唯一的 $a \in A$，满足 $f(a)=b$. 设 $\varphi(a)=a_1 \in A_1$，$f(a_1)=b_1 \in B$，令

$$\psi(b) = b_1. \tag{1}$$

这一映射可用图 5.1.1 来表示：

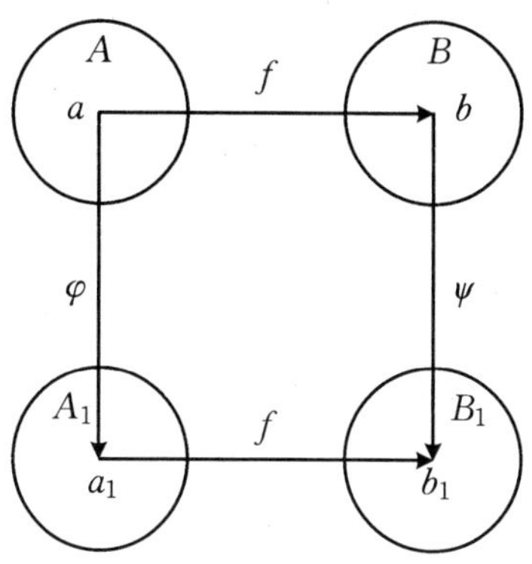

图 5.1.1

设在映射 f 下，A_1 的像 $f(A_1)=B_1$，则 ψ 中是从 B 到 B_1 的映射. 易知每个 $b_1\in B_1$ 均有唯一的 a_1 满足 $f(a_1)=b_1$，由 a_1 又得到唯一的 a 与唯一的 b，因此 ψ 是一一对应.

A_1 是 A 的真子集，所以必有元素 $a\in A-A_1$，这时 $f(a)\in B-B_1$，即 B_1 是 B 的真子集.

因此，B 是无限集.

例 3 集合 B 是集合 A 的子集，如果 B 是无限集，那么 A 也是无限集.

证 因为 B 为无限集，所以必有 B 的真子集 B_1 与一一对应 $f:B\to B_1$.

作 A 到自身的映射 φ，

$$\varphi_{(a)} = \begin{cases} a, & 若 a \in A-B; \\ f(a), & 若 a \in B. \end{cases}$$

易知像集 $\varphi(A)=(A-B)\cup B_1$ 是 A 的真子集，并且 φ 是 A 到 $\varphi(A)$ 的一一对应. 因此，A 是无穷集.

若集 A，B 间能建立起一一对应，则称 A 与 B 是**对等的**，或者称它们有相同的**基数**(或**势**),记为 $A\sim B$.

对于有限集,基数就是它的元数.

对于无限集,基数就是能与它一一对应的集合的族.通俗地说,就是这些一一对应的集合的共同性质,说成是这个无限集的元数也无不可.但是,要注意无穷集可以与它的真子集有相同的基数.

5.2 可数集

凡与自然数集 **N** 对等的集称为可数集.下面是几个可数集的例子:

$A=\{1,4,9,16,\cdots,n^2,\cdots\}$,

$B=\{1,8,27,64,\cdots,n^2,\cdots\}$,

$C=\{1,3,5,7,\cdots,2n-1,\cdots\}$,

$D=\left\{1,\frac{1}{2},\frac{1}{3},\frac{1}{4},\cdots,\frac{1}{n},\cdots\right\}$,

$E=\{p:p$ 为素数$\}$.

显然一个集合 A 为可数集的充分必要条件是它的元素可列成一个形如

$$a_1,a_2,a_3,\cdots,a_n,\cdots \tag{1}$$

的(各项不重复出现的)无穷数列,A 的每一个元素恰在(1)中出现一次.

例 1 证明:

(ⅰ)任一无限集 A 必含一真子集是可数集;

(ⅱ)可数集的任一无限子集是可数的;

(ⅲ)可数集与有限集的并集是可数集;

(ⅳ)有限多个可数集的并集是可数集;

(ⅴ)可数个可数集的并集是可数集.

证 (ⅰ)A 与它的真子集 A_1 对等.A_1 是无穷集,因而又与真子集 A_2 对等,……这样得到

$$A \supset A_1 \supset A_2 \supset \cdots \supset A_n \supset \cdots$$

每一个集 A_i 是前一个集的真子集($i=1,2,\cdots$).

在 A_1-A_2 中取元 a_1,在 A_2-A_3 中取 a_2,……,在 A_n-A_{n-1} 中取元 a_n,……得到集合

$$B=\{a_1,a_2,a_3,\cdots,a_n,\cdots\},$$

它是含于 A 中的可数集.

因此,可数集是无限集中"最小的"集.

(ⅱ)可数集 A 的元素可列成数列(1)的形式.它的无限子集可写成(1)的无限子数列,显然是可数集.

(ⅲ)将可数集 A 的元素列成数列(1).又设有限集 $B=\{b_1,b_2,\cdots,b_k\}$,则 $A\cup B$ 的元素可列成数列

$$b_1,b_2,\cdots,b_k,a_1,a_2,\cdots,a_n,\cdots \tag{2}$$

(若 $b_1,b_2,\cdots,b_k$ 中有在 $a_1,a_2,\cdots,a_n,\cdots$ 中出现的,则将这样的 b 从数列(2)中划去).

(ⅳ)设 $A_i=\{a_{i1},a_{i2},\cdots,a_{in},\cdots\}(i=1,2,\cdots,k)$,是 k 个可数集,则

$$a_{11},a_{21},\cdots,a_{k1},a_{12},a_{22},\cdots,$$
$$a_{k2},\cdots,a_{1n},a_{2n},\cdots,a_{kn},\cdots$$

(必要时划去一些重复元素)是一可数集.

(ⅴ)设 $A_i=\{a_{i1},a_{i2},\cdots,a_{in},\cdots\}(i=1,2,\cdots)$,是可数个可数集.先将它们的元素排成矩阵:

$$\begin{array}{cccc} a_{11} & a_{12} & a_{13} & \cdots \\ & \cdots\cdots & & \\ a_{21} & a_{22} & a_{23} & \cdots \\ & \cdots\cdots & & \\ a_{n1} & a_{n2} & a_{n3} & \cdots \\ & \cdots\cdots & & \end{array}$$

然后再将这些元素排成一列:

$$a_{11}a_{12}a_{21}a_{13}a_{22}a_{31}\cdots \tag{3}$$

即先排下标的和为 2 的元，再排下标和为 3 的元，……依照下标的和的大小排列各个元素，在下标和相同时，依照横坐标（第一个下标）的大小排列各个元素（只有有限多个）. 这样，每个元素在数列(3)中至少出现一次（或早或迟必然出现）. 如果一个元素在数列(3)中已经出现过一次，那么在它第二、三、……次出现时，将它划去. 这样 $A_1 \cup A_2 \cup \cdots \cup A_n \cup \cdots$ 的每个元素在数列(3)中恰好出现一次. 因此，$\bigcup_{i=1}^{\infty} A_i$ 是可数集.

例 2 全体有理数的集 $\mathbf{Q}$ 是可数集.

证 由例 1 知，只需证明正有理数的集合 $\mathbf{Q}^+$ 是可数集. 考虑集合

$$M_n = \left\{ \frac{m}{n} \middle| m \in \mathbf{N} \right\}.$$

显然 M_n 是可数集，它的元素可排成数列

$$\frac{1}{n}, \frac{2}{n}, \frac{3}{n}, \cdots, \frac{m}{n}, \cdots.$$

由例 2(Ⅴ)知

$$\mathbf{Q}^+ = M_1 \cup M_2 \cup M_3 \cup \cdots \cup M_n \cup \cdots$$

是可数集.

例 3 如果集 A 的每个元素由 n 个互相独立的下标决定，每个下标各自跑遍一个可数集，那么 A 是可数集.

证 $n=1$ 时，结论显然. 设当 $n=m$ 时结论成立，则对元素为 $a_{i_1 i_2 \cdots i_{m+1}}$ 的集 A，因为当 i_{m+1} 固定时，由元素 $a_{i_1 i_2 \cdots i_m i_{m+1}}$ 组成的集 $A_{i_{m+1}}$ 是可数集，故根据例 1(Ⅴ)有

$$\bigcup_{i_{m+1}} A_{i_{m+1}} = A$$

也是可数集.

由例 3 立即得到平面上的有理点（即横、纵坐标都是有理数的点）组成的集合是可数集. 空间中的有理点所成的集也是可数集.

例 4 证明:整系数多项式

$$a_0x^n + a_1x^{n-1} + \cdots + a_n \tag{4}$$

$(n\in\mathbf{N}, a_0, a_1, \cdots, a_n\in\mathbf{Z})$的全体 A 是可数集.

证 对固定的 n,形如(4)式的整系数多项式与 $n+1$ 维空间的整点$(a_0, a_1, \cdots, a_n)$一一对应,它们都组成可数集. 记前者所成的集为 A_n.

由例 1(Ⅴ)知,$A=\bigcup\limits_{n=1}^{\infty}A_n$ 是可数集.

(4)式的根称为代数数. 因为每个多项式只有有限个根. 所以代数数的全体是可数集.

5.3 连续统的基数

无限集不都是可数集.

例 1 0 与 1 之间的实数组成的集

$$A = \{x \mid 0 \leqslant x \leqslant 1\} \tag{1}$$

不是可数集.

解 如果 A 是可数集,将它的元素排成

$$a_1, a_2, \cdots, a_n, \cdots. \tag{2}$$

将每个 a_i 表成十进小数,并排成

$$\begin{aligned} a_1 &= 0.a_{11}a_{12}a_{13}\cdots a_{1n}\cdots, \\ a_2 &= 0.a_{21}a_{22}a_{23}\cdots a_{2n}\cdots, \\ &\cdots\cdots \\ a_n &= 0.a_{n1}a_{n2}a_{n3}\cdots a_{nn}\cdots, \\ &\cdots\cdots \end{aligned} \tag{3}$$

$a_{ij}(i,j=1,2,\cdots)$都是数字,即 $0,1,\cdots,9$.

现在作一个数 $a=0.a_1a_2\cdots a_n\cdots$,其中 $a_1, a_2, \cdots$都是数字,并且

$$a_n = \begin{cases} a_m + 2, & 若 a_m < 7; \\ a_m - 2, & 若 a_m \geqslant 7. \end{cases} \quad (n = 1,2,\cdots) \tag{4}$$

显然 $0\leqslant\alpha\leqslant1$ 即 $\alpha\in A$. 因此,α 应当在(3)中出现. 设 $\alpha_n=\alpha$. 但由定义 $a_n\neq a_m$ 并且 a_n 与 a_m 的差为 2,因此,$\alpha_n\neq\alpha$,矛盾. 表明 A 不是可数集.

注 为避免出现 $0.999\cdots=1.00\cdots$的情况,我们取 a_n 与 a_m 相差 2.

上面的证法称为对角线法.

例 1 的 A 及与 A 对等的集,称为具有连续统的基数,或称 A 的基数为$\aleph$(读做阿列夫)而可数集的基数记为$\aleph_0$.

例 2 区间$[a,b]$,(a,b),$[a,b)$,$(a,b]$的基数都是$\aleph$.

证 令 $y=a+(b-a)x$. 这是$[0,1]$与$[a,b]$之间的一一对应. 因此,$[a,b]$与$[0,1]$(即例 1 中的 A)具有相同的基数$\aleph$.

我们也可以给出(a,b),$[a,b)$,$(a,b]$与$[0,1]$间的一一对应(参见习题 33),但更方便的是利用这样的结论:

无限集 M 去掉有限多个元素后,所得的集 K 与 M 对等.

事实上,由 4.2 节知,M 含有一个可数集 E,不妨假定要去掉的有限多个元素均在 E 中(否则将它们加到 E 中). 从 E 中去掉这有限多个元素后所得的集 F 也是可数集. 在 E 与 F 之间有一一对应 φ,令

$$f(x)=\begin{cases}x, & 若\ x\in M-E;\\ \varphi(x), & 若\ x\in E.\end{cases}$$

则 f 是 M 到 K 的一一对应.

例 3 全体实数所成的集 $\mathbf{R}$,基数是$\aleph$.

证 $y=\tan\dfrac{\pi}{2}x$ 是$(-1,1)$到 $\mathbf{R}$ 的一一对应.

类似地,$[0,+\infty)$的基数是$\aleph$.

例 4 如果集 A 的基数是$\aleph$,证明:从 A 中去掉一个可数集 B 后,剩下的集的基数仍为$\aleph$.

证 由于 A 的基数是$\aleph$,所以 $A-B$ 是无限集(否则 $B\cup(A-B)=A$ 是可数集). 由 5.2 节例 1 知,$A-B$ 有一真子集 D

是可数集. $B\cup D$ 仍为可数集,它与 D 之间有一一对应 φ. 令

$$f(x)=\begin{cases}x, & 若\ x\in A-B-D;\\ \varphi(x), & 若\ x\in B\cup D.\end{cases}$$

则 f 是 A 到 $A-B$ 的一一对应. 因此,$A-B$ 的基数是$\aleph$.

由例 4 立即得到全体无理数所成的集,基数为$\aleph$;全体超越数(不是代数数的数)所成的集,基数也是$\aleph$.

例 5 证明:自然数集 $\mathbf{N}$ 的全体子集所成的族 $\mathscr{A}$ 的基数为$\aleph$.

证 对 $\mathscr{A}$ 的元素 $A(\subseteq\mathbf{N})$,令二进制的小数

$$0.b_1b_2\cdots b_n\cdots$$

与之对应. 其中

$$b_n=\begin{cases}1, & 若\ n\in A;\\ 0, & 若\ n\notin A.\end{cases}$$

显然这是 $\mathscr{A}$ 到$[0,1]$中所有二进小数的一一对应. 因此,$\mathscr{A}$ 与$[0,1]$有同样的基数$\aleph$.

例 6 可数个两两不相交的基数为$\aleph$的集,它们的并集基数为$\aleph$.

证 设$\bigcup\limits_{i=1}^{\infty}E_i$ 中每一个 E_i 的基数为$\aleph$,则 E_i 可与区间$[i-1,i)$中的点一一对应. 从而,$\bigcup\limits_{i=1}^{\infty}E_i$ 与$[0,+\infty)$中的点一一对应.

注 "两两不相交"这一条件可以去掉. 参见下节例 8.

5.4 基数的比较

如果集合 A,B 的基数分别为 α,β,并且满足:

(ⅰ) A 与 B 不对等;

(ⅱ) A 与 B 的一个子集对等,

那么就说 A 的基数小于 B 的基数,或 B 的基数大于 A 的基数. 记为

$$\alpha<\beta 或 \beta>\alpha.$$

对有限集,上述概念与元数的大小完全一致.

每个有限集都与 **N** 的一个子集对等(n 元集与$\{1,2,\cdots n\}$对等),从而有限集的基数小于$\aleph_0$.

根据上节知识,$\aleph_0<\aleph$.

在$\aleph_0$与$\aleph$之间没有基数,即不存在一个集合 A,它的基数大于$\aleph_0$,小于$\aleph$. 这称为连续统假设. 大数学家希尔伯特在 1900 年提出的 23 个问题中,连续统假设列为第一个. 根据现代的研究,特别是 1963 年美国数学家科恩(Cohen)所做的工作,连续统假设与 ZF 公理是彼此独立的. 这里的 ZF 公理是由策梅罗(Zermelo,1871～1953)建立、弗伦克尔(Fraenkel,1891～1965)加以改进的公理系统,为绝大多数数学家所接受. 因此连续统假设在 ZF 公理系统中是无法证明的(正如平行公设无法用欧几里得的其他公理导出).

有没有比$\aleph$更大的基数? 回答是肯定的.

例 1 设集 A 的基数为 α,$\mathscr{A}$是 A 的一切子集所成的族,则$\mathscr{A}$的基数大于 α.

证 对 A 的任一个元 a,令 $a\mapsto\{a\}$. 这是 A 到 $\mathscr{A}$ 的子集$\{\{a\}:a\in A\}$的一一对应,因此,A 与 $\mathscr{A}$的一个子集对等.

另一方面,A 与 $\mathscr{A}$不对等. 不然的话,设 A 与 $\mathscr{A}$之间有一一对应 f.

将 A 中元素分为两类:

设 $a\in A$. 若 $a\in f(a)$,则称 a 为好元素. 若 $a\notin f(a)$,则称 a 为坏元素.

设 A 中坏元素组成的集为 A_1. A_1 与 A 的元素 a_1 对应,即 $A_1=f(a_1)$.

若 a_1 是好元素,则 $a_1\in f(a_1)=A_1$. 但这与 A_1 的定义不符. 若 a_1 是坏元素,则 $a_1\in A_1=f(a_1)$,这又导出 a_1 为好元素,矛盾.

因此,A 与 $\mathscr{A}$不对等.

综合以上两个方面，$\mathscr{A}$的基数大于α.

通常将A的全体子集的族$\mathscr{A}$的基数记为2^α. 在A为有限集时，$|\mathscr{A}|$确实为2^α. 在A为无限集时，2^α仅是代表$\mathscr{A}$的基数的一个符号. 例1的结论就是

$$2^\alpha > \alpha. \tag{1}$$

上节例5表明$2^{\aleph_0}=\aleph$. 从而由(1)式又得到$\aleph>\aleph_0$.

例2　设集$A\supseteq A_1\supseteq A_2$. 若$A_2\sim A$，则$A_1\sim A$.

证　设对应f使A与A_2对等. 在对应f下，A的子集A_1应与A_2的子集A_3对等，A_1的子集A_2应与A_3的子集A_4对等，如此继续下去，得到一串集合

$$A\supseteq A_1\supseteq A_2\supseteq A_3\supseteq A_4\supseteq A_5\supseteq\cdots$$

具有性质：

$$\begin{gathered}A\sim A_2,\\ A_1\sim A_3,\\ A_2\sim A_4,\\ A_3\sim A_5,\\ \cdots\cdots\end{gathered}$$

并且由$A_n(n=1,2,\cdots)$的定义知

$$\begin{gathered}A-A_1\sim A_2-A_3,\\ A_1-A_2\sim A_3-A_4,\\ A_2-A_3\sim A_4-A_5,\\ \cdots\cdots\end{gathered}\tag{2}$$

因为

$$\begin{aligned}A=&(A-A_1)\cup(A_1-A_2)\cup(A_2-A_3)\\ &\cup(A_3-A_4)\cup(A_4-A_5)\cup\cdots\cup(AA_1A_2\cdots),\end{aligned}\tag{3}$$

$$\begin{aligned}A_1=&(A_1-A_2)\cup(A_2-A_3)\cup(A_3-A_4)\\ &\cup(A_4-A_5)\cup\cdots\cup(AA_1A_2\cdots).\end{aligned}\tag{4}$$

并且由(2)式，(3)式中的一、三、……诸项分别与(4)式中的二、四、……诸项对等知，其余的项则两两相同，所以$A_1\sim A$.

例 3　若 $A\supseteq A_1$，$B\supseteq B_1$，并且 $A\sim B_1$，$B\sim A_1$，则 $A\sim B$.

证　B 与 A_1 有一一对应 f. 在对应 f 下，B 的子集 $B_1\sim A_1$ 的子集 A_2. 因为 $A\sim B_1$，$B_1\sim A_2$，所以 $A\sim A_2$.

因为 $A\supseteq A_1\supseteq A_2$，$A\sim A_2$，所以由上例，$A\sim A_1$. 因为 $B\sim A_1$，所以 $A\sim B$.

例 3 称为 Bernstein 定理，有很多应用.

注　$A\sim B_1\subseteq B$ 可记成 $\alpha\leqslant\beta$. 例 3 即由 $\alpha\leqslant\beta$，$\beta\leqslant\alpha$ 可推出 $\alpha=\beta$. 应当注意，这并不是显然的. 因为关于无穷基数的不等式与通常的不等式意义不尽相同.

例 4　设三个基数 α，β，γ 满足 $\alpha<\beta$，$\beta<\alpha$，则 $\alpha<\gamma$.

证　设集 A，B，C 的基数分别为 α，β，γ. 由已知 $A\sim B_1\subseteq B$，$B\sim C_1\subseteq C$. 从而 $A\sim C_2\subseteq C_1$.

另一方面，若 $A\sim C$，则 $C\sim C_2$. 从而由例 2 知，$C\sim C_1\sim B$. 这与 $\beta<\gamma$ 的定义不符，因此，A 不对等于 C.

综合以上两方面得 $\alpha<\gamma$.

例 4 表明关于基数的不等式具有传递性.

注　由关于基数的不等式的定义及例 3，$\alpha=\beta$，$\alpha<\beta$，$\alpha>\beta$ 三式不能同时成立. 但这三个关系是否必有一个成立需要证明. 证明要用到有序集与序数的概念. 我们建议读者阅读有关专著，例如豪斯道夫的《集论》(中译本由科学出版社 1960 年出版).

例 5　平面上点的全体组成的集 A，基数为$\aleph$.

证　正方形

$$I=\{(x,y)\mid 0\leqslant x<1,0\leqslant y<1\}$$

中的点，坐标可写成无限的十进小数

$$\begin{aligned}x&=0.a_1a_2a_3\cdots,\\y&=0.b_1b_2b_3\cdots.\end{aligned}\tag{5}$$

(约定不以 9 为循环节，即 0.12=0.1200…不写成 0.1199…. 这样每个坐标的表示是唯一的.)

因此，对于(x,y)，有区间$[0,1)$中的一个实数

$$0.a_1b_1a_2b_2a_3b_3\cdots \tag{6}$$

与之对应. 显然不同的(x,y)对应的实数(6)也不同. 因此,I与$[0,1)$的一个子集对等.

另一方面,显然$[0,1)\sim\{(x,0)\mid 0\leqslant x<1\}\subseteq I$. 因此,$I$的基数即$[0,1)$的基数$\aleph$.

平面点集$A=\bigcup\limits_{a,b\in\mathbf{Z}}\{(x,y)\mid a\leqslant x<a+1,b\leqslant y<b+1\}$,由上节例6知,$A$的基数为$\aleph$.

同样可证空间中全体点所成集,基数为$\aleph$.

例6　区间$[0,1]$上的全体实函数所成的集,基数为$2^{\aleph}$.

证　设所成的集为A. 由于每个实函数f对应于平面上一条曲线$\{x,f(x))\mid 0\leqslant x\leqslant 1\}$,它是平面点集的一个子集,所以$A$的基数$\leqslant 2^{\aleph}$.

另一方面,$[0,1]$的每个子集B对应于一个函数(即3.1节所说的特征函数):

$$f(x)=\begin{cases}1, & 若\ x\in B;\\ 0, & 若\ x\notin B.\end{cases}$$

对应是一一的. 因此,A的基数$\geqslant 2^{\aleph}$.

综合以上两方面即得A的基数为$2^{\aleph}$.

例7　可数个基数为$\aleph$的集,它们的并集基数为$\aleph$,即上节例6"两两不相交"的条件可以取消.

证　设$\bigcup\limits_{i=1}^{\infty}E_i$中每一个$E_i$的基数为$\aleph$. 显然$\bigcup\limits_{i=1}^{\infty}E_i$的基数$\geqslant$ E_1中的基数$\aleph$.

另一方面,将$E_2\cap E_1$中每个元素a_1换成一个新元素a_1',将$E_3\cap(E_2\cup E_1)$中每个元素a_2换成新元素a_2',……得到集$F_1,F_2,F_3,\cdots$,每两个无公共元素,并且$F_2\sim E_2,F_3\sim E_3$,……基数均为$\aleph$. 因此,由上节例6知,$\bigcup\limits_{i=1}^{\infty}F_i$的基数为$\aleph$. 又显然有$\bigcup\limits_{i=1}^{\infty}E_i$的基数$\leqslant\bigcup\limits_{i=1}^{\infty}F_i$的基数为$\aleph$.

因此，$\bigcup_{i=1}^{\infty} E_i$ 的基数$=\aleph$.

例 8 c 个基数为$\aleph$的集，它们的并集基数为$\aleph$.

证 可设各集两两不相交(否则用例 8 的方法处理). 每一个集对等于平面上一条直线 $y=$常数. 它们的并集对等于整个平面.

5.5 直线上的开集与闭集

直线是一维点集. 如果以这直线为数轴，那么直线上的每一点对应于一个实数(所以称为一维).

设 E 是(直线上的)一个点集. 对于一点 x_0，如果 E 中有个区间含有 x_0，那么称 x_0 为点集 E 的**内点**，这时 x_0 本身当然属于 E.

如果 E 中每一个集都是 E 的内点，那么 E 称为**开集**.

显然开区间(a,b)是开集. 直线本身是开集. 闭区间$[a,b]$不是开集，因为端点 a 与 b 不是$[a,b]$的内点.

空集算作开集.

例 1 任意多个开集的并集是开集.

证 设 $S=\bigcup_{a} E_a$，其中每个 E_a 都是开集.

对任一点 $x_0\in S$，x_0 必属于某个 E_a. 因为 E_a 是开集，所以有区间$(c,d)\subseteq E_a$，并且 $x_0\in(c,d)$. 于是 $x_0\in(c,d)\subseteq S$，x_0 是 S 的内点.

由于 S 的任一点都是内点，所以 S 是开集.

例 2 有限个开集的交集是开集.

证 设 $P=\bigcap_{k=1}^{n} E_k$，其中每个 E_k 是开集.

对任一点 $x_0\in P$，x_0 必属于每个 E_k，并且有区间$(c_k,d_k)\subseteq E_k$，$x_0\in(c_k,d_k)(k=1,2,\cdots,n)$. 令

$$c=\max c_k(<x_0),\quad d=\min d_k(>x_0),$$

则 $x_0\in(c,d)$，并且$(c,d)\subseteq E_k(k=1,2,\cdots,n)$.

从而 $x_0\in(c,d)\subseteq P$. 所以 P 是开集.

注意无限多个开集的交未必是开集,如

$$E_k=\left(-1-\frac{1}{k},1+\frac{1}{k}\right)\quad(k=1,2,\cdots),$$

则

$$P=\bigcap_{k=1}^{\infty}E_k=[-1,1]$$

不是开集.

可以证明直线上的每个开集都是不相重叠的开区间的并集(下节例1).

设 E 是一点集. 对于一点 x_0,如果任一个含有 x_0 的区间,除 x_0 外至少还含有 E 的一点,那么 x_0 称为 E 的**极限点**或**聚点**.

注意 E 的极限点 x_0 本身不一定属于 E. 如果 x_0 是 E 的极限点,那么含 x_0 的区间内必有无限多个 E 的点(设含 x_0 的区间 (a,b) 中有 $x_1,x_2,\cdots,x_k$ 属于 E. 又设 $\delta=\min\limits_{1\leqslant i\leqslant k}|x_0-x_i|$,则含 x_0 的区间 $(x_0-\delta,x_0+\delta)$ 中的点均不同于 $x_1,x_2,\cdots,x_k$. 而这个区间 $(x_0-\delta,x_0+\delta)$ 中又有一点 $x_{k+1}\in E$ 并且 $x_{k+1}\neq x_0$. 这样,(a,b) 中有无穷多个点 $x_1,x_2,\cdots,x_k,x_{k+1},\cdots$ 属于 E).

如果 $x_0\in E$,并且 x_0 不是 E 的极限点,那么 x_0 称为 E 的**孤立点**. 如果 x_0 是 E 的孤立点,那么必有一个区间 (c,d) 在 (c,d) 中只有一个点即 x_0 属于 E.

如果 E 的极限点都属于 E,那么 E 称为**闭集**.

显然闭区间是闭集;直线本身是闭集. 开区间 (a,b) 不是闭集,因为 a,b 是 (a,b) 的极限点,它们不在 (a,b) 中. 一个点所成的集也是闭集. 空集 $\varnothing$ 算作闭集. 又开又闭的集只有全直线与空集. $[a,b)$ 非开非闭.

例3 开集的补集是闭集,闭集的补集是开集.

证 设 E 为开集. 对任一点 $x_0\in E$,必有区间 $(a,b)\subseteq E$,x_0

$\in(a,b)$. 这时(a,b)中每一个点都不属于E'. 因此x_0不是E'的极限点. 从而E'的极限点都属于E', E'是闭集.

设E为闭集. E'中的任一点x_0不是E的极限点, 因而必有区间(c,d), (c,d)含x_0并且(c,d)中没有E的点, 即$(c,d)\subseteq E'$. 从而x_0是E'的内点. E'是开集.

由例1、例2、例3可知:

任意多个闭集的交是闭集;

有限多个闭集的并是闭集.

5.6 Cantor 的完备集

Georg Cantor(1845～1918)是集合论的创始者, 丹麦一位犹太商人的儿子, 出生在彼得堡, 1856年移居德国, 1874年, 开始引入基数的概念, 由此证明了超越数大大多于代数数(5.3节例4). 这一成果当时轰动了整个数学界, 同时也遭到强烈的反对. Dedekind, Mittag-Leffler 等人支持他, 而 Kronecker 等的反对使他十分苦恼. 他注意到在其他数学分支, 例如概率论的历史中, 也存在正确的理论未被普遍接受的时期, 因而高喊"数学的本质在于它的自由化".

Cantor 还定义了序型, 超限序数等概念, 并奠定了由基本序列建立实数理论的基础, 他将欧氏空间里一般的点集作为研究的对象, 定义极限点、闭集、开集等概念. 他也是维数理论的开拓者, 为点集理论与拓扑空间理论开辟了道路.

Cantor 晚年病魔缠身, 在精神病院去世.

本节着重介绍 Cantor 构造的一个完备集.

例1 证明: 直线上每一个非空的有界开集G可以表为有限个或可数个不相重叠的开区间的并集.

证 对任一点$x\in G$, 因为G是开集, 所以x是内点, 存在一个开区间(a,b)包含x, 并且$(a,b)\subseteq G$. 可以这样取区间(a,b), 使得$a,b\notin G$(例如b可这样产生: 设$(x,b_1)\subseteq G$, 并且b_1为

有理数 $m+0.c_1c_2\cdots c_n$，$m\in\mathbf{Z}$，$c_1,c_2,\cdots c_n\in\{0,1,2,\cdots,9\}$. 可设 $\left(x,b_1+\frac{1}{10^n}\right)$ 不含在 G 中 $\left(\text{否则用 } b_1+\frac{1}{10^n}\text{ 代替 } b_1\right)$. 令 $b_2=b_1+\frac{c_{n+1}}{10^{n+1}}$，$c_{n+1}\in\{0,1,2,\cdots,9\}$，使得 $(x,b_2)\subseteq G$ 而 $\left(x,b_2+\frac{1}{10^{n+1}}\right)$ 不含于 G. 这样继续下去，得出一个数 $b=m+0.c_1c_2\cdots c_nc_{n+1}\cdots$. 任一小于 b 而大于 x 的数 y 或小于 b_1；或不小于 b_1 但至少有一位小数小于 b 的相应数字，从而 y 小于那个直到这一位都与 b 相同的 b_k. 因此 $y\in G$. 这表明 $(x,b)\subseteq G$. 另一方面，G 的补集 G' 是闭集. $\left[b_1,b_1+\frac{1}{10^n}\right)$，$\left[b_2,b_2+\frac{1}{10^{n+1}}\right)$，……中各有一个点 $\in G'$，b 是它们的极限点，因而 $b\in G'$，即 $b\notin G$. 这样的区间 (a,b)，称为 G 的构成区间. 它们是包含 x 的、完全在 G 内的最大的开区间.

根据定义，这些构成区间不相重叠.

对每一个构成区间，取这区间中任一有理数与之对应. 由于区间互不重叠，这些有理数各不相同. 有理数的全体是可数集，因此，G 的构成区间个数为有限或可数.

例 2 将闭区间 $[0,1]$ 三等分，取去中间的开区间 $\left(\frac{1}{3},\frac{2}{3}\right)$. 将每一个留下来的闭区间 $\left[0,\frac{1}{3}\right]$，$\left[\frac{2}{3},1\right]$ 又各等分为三等分，并各取去中间的开区间 $\left(\frac{1}{9},\frac{2}{9}\right)$ 与 $\left(\frac{7}{9},\frac{8}{9}\right)$. 再将每一个留下来的闭区间三等分并取去中间的开区间. 这样无限继续下去. 留下的集记为 P. 证明：

(ⅰ) P 是闭集，并且没有孤立点；

(ⅱ) 点集 P 的基数是 $\aleph$.

证 (ⅰ) 去掉了可数个开区间，这些开区间的并集是一个

开集 G. G'是闭集,所以 $P=G'\cap[0,1]$是闭集.

如果 0 是 P 的孤立点,那么在 0 的一个邻域中,0 右边的点均属于 G. 从而 0 是 G 的一个构成区间的端点. 但由 P 与 G 的构造,G 的每一个构成区间是$\left[0,\frac{1}{3^n}\right]$的中间部分$\left(\frac{1}{3^{n+1}},\frac{2}{3^{n+1}}\right)$或属于$\left[\frac{1}{3^n},1\right]$,因而 0 不是构成区间的端点. 这一矛盾表明 0 不是 P 的孤立点. 同样 1 也不是 P 的孤立点.

对于 $x\in(0,1)$,如果 x 是 P 的孤立点,那么必有含 x 的区间$(a,b)\subseteq[0,1]$,(a,b)中仅有 $x\in P$. 因而 x 是 G 的两个构成区间的公共点. 但由 G 的构造,每两个构成区间没有公共点. 所以 P 没有孤立点.

(ⅱ)用三进制小数 $0.a_1a_2\cdots$ 表示$[0,1]$中的数. 去掉$\left(\frac{1}{3},\frac{2}{3}\right)$,即去掉那些 a_1 必定为 1 的数$\left(\frac{1}{3}=0.100\cdots=0.022\cdots,\frac{2}{3}=0.122\cdots=0.200\cdots\right.$,它们的小数第一位都可以不为 1$\Big)$. 去掉$\left(\frac{1}{9},\frac{2}{9}\right)$与$\left(\frac{7}{9},\frac{8}{9}\right)$即去掉那些 a_2 必定为 2 的数. 依此类推,从而

$$P=\{0.a_1a_2\cdots \mid a_k=0\text{ 或 }2,k=1,2,\cdots\}.$$

令

$$b_k=\begin{cases}0, & \text{若 } a_k=0;\\ 1, & \text{若 } a_k=2.\end{cases}\quad (k=1,2,\cdots)$$

则 $0.a_1a_2\cdots\mapsto 0.b_1b_2\cdots$是 P 到$[0,1]$中的数(用二进制小数表示)的一一对应. 所以 P 的基数为$\aleph$.

没有孤立点的闭集(即每一点都是极限点的闭集)称为**完备集**. 例 2 是 Cantor 发明的完备集. 通常称为 Cantor 的**完备集**.

有趣的是,在例 2 中去掉的区间总长为

$$\frac{1}{3}+\frac{2}{9}+\frac{4}{27}+\cdots=\frac{\frac{1}{3}}{1-\frac{2}{3}}=1.$$

因而剩下的 Cantor 完备集 P 的“长度”(或称为测度)为 0,但它的基数却是$\aleph$.

5.7 Kuratowski 定理

拓扑学中有一著名的 Kuratowski 闭包定理:由集 A 经过补与闭的运算,至多产生 14 个集.

这里的闭运算可以定义为集族上的函数.

设 $\mathscr{A}$ 为集 X 的全部子集所成的族. 函数

$$f:\mathscr{A}\rightarrow\mathscr{A}$$

如果满足以下条件:

(1) 若集 $A\subseteq B$,则 $f(A)\subseteq f(B)$;

(2) $f(A)\supseteq A$;

(3) $f(f(A))=f(A)$;

(4) $f(A\cup B)=f(A)\cup f(B)$,

那么便称 f 为**闭运算**.

其中性质(1),(2),(3),(4)分别称为单调增,扩大,幂等,可加.

同样地,可以定义补运算.

如果 $g:\mathscr{A}\rightarrow\mathscr{A}$,满足:

(1) 若集 $A\subseteq B$,则 $g(A)\supseteq g(B)$;

(2) $g(A)\cap A=\varnothing$;

(3) $g(g(A))=A$;

(4) $g(A\cup B)=g(A)\cap g(B)$,

那么便称 g 为补运算. 其中性质(1),(3)分别称为单调减,幂零.

显然,通常集的补集与闭包具有以上性质.

现在,我们证明 Kuratowski 定理.为此先建立图 5.7.1、图 5.7.2.

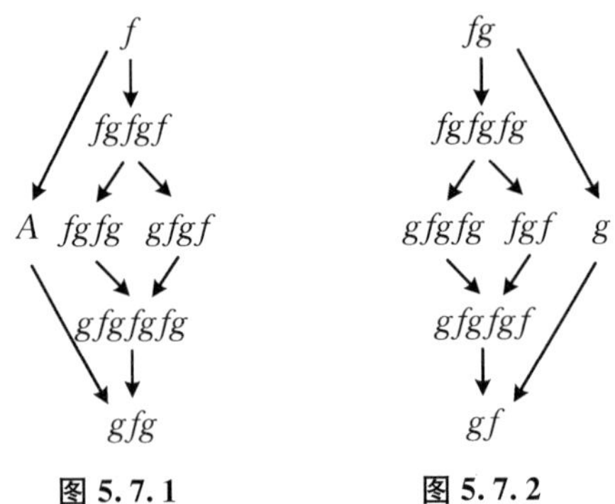

图 5.7.1　　图 5.7.2

其中 f 是 $f(A)$的简写,$fgfgf$ 是 $f(g(f(g(f(A)))))$的简写,等等.$B\to C$ 即 $B\supseteq C$.

图 5.7.1 的关系建立如下:

(1) 由 $g\subseteq fg$ 得 $A\supseteq gfg$;

(2) 由 $f\supseteq gfg(f)$得 $f\supseteq fgfgf$;

(3) 易知 gfg 是单调增的.因而,由 $f\supseteq A$ 得 $gfgf\supseteq gfg$,从而 $fgfgf\supseteq fgfg$;

(4) $gfgfgfg=gfg(fgfg)\subseteq gfg(f)=gfgf$;

(5) $gfgfgfg=gfg(fgfg)\subseteq fgfg$;

(6) 由 $f(gfg)\supseteq gfg$ 得 $gfgfg\subseteq fg$,从而 $gfgfgfg\supseteq gf(fg)=gfg$.

将 g 作用于图 5.7.1,就产生图 5.7.2.

在图 5.7.1 和图 5.7.2 中已有 14 个集.未在图中出现的、由复合而得接下去的两个集应当是 $fgfgfgf$ 与 $fgfgfgfg$.我们证明:

(1) $fgfgfgf=fgf$.事实上,由图 5.7.2 得

$$fgfgfgf=f(gfgfgf)\supseteq f(gf)=fgf;$$

由图 5.7.1 得

$$fgf = f(gf) \supseteq fgfgf(gf) = fgfgfgf.$$

(2) $fgfgfgfg = fgfg$.

由(1)(将 A 换作 $g(A)$)得

$$fgfgfgfg = fgfgfgf(g) = fgf(g) - fgfg.$$

于是,用 f,g 复合,除图中 14 个集外,不能产生其他的集.

注 在上述证明中,只利用 f 的性质(1),(2),(3),g 的性质(1),(3).

例 1 举出一个集 A,它经过 f,g 的复合恰好产生 14 个不同的集.

解 首先注意图 5.7.1 的任一集不与图 5.7.2 的集相等.否则,图 5.7.1 的最大集 f 包含图 5.7.2 的最小集 gf,产生矛盾.

如果图 5.7.1 的 7 个集两两不同,那么它们的补集,即图 5.7.2 的 7 个集也两两不同.因此,只要图 5.7.1 的 7 个集两两不同,结合图 5.7.2,我们就得到 14 个两两不同的集.

设 $X=[1,5]$,

$$A = \{[1,2]\text{ 中的有理点}\} \cup [2,3) \cup (3,4] \cup \{5\}.$$

则图 5.7.1 的其他六个集合为:

$$\begin{aligned}
f &= [1,4] \cup \{5\}, \\
gfg &= (2,3) \cup (3,4), \\
fgfg &= [2,4], \\
gfgfgfg &= (2,4), \\
gfgf &= [1,4), \\
fgfgf &= [1,4].
\end{aligned}$$

图 5.7.1 这 7 个集两两不同,因此,它们与图 5.7.2 的 7 个集构成 14 个不同的集.

Kuratowski 定理有许多推广,下面举一个关于自然数的问题.

例 2 对自然数集 **N** 的任一子集 A，我们令 $g(A)=\mathbf{N}-A$，$f(A)=\langle A\rangle$，这里 $\langle A\rangle$ 表示 A 经乘法生成的集，即

$$\langle A\rangle=\{\text{任意多个 } A \text{ 中元素(允许相同) 相乘的积}\}.$$

(单独一个元素也算作积，所以 $\langle A\rangle\supseteq A$.)

证 显然 f 具有单调增、扩大、幂等这三个性质. 于是，根据前面的证明，由 f,g 复合，至多产生 14 个不同的集.

我们可以举例表明的确能得出 14 个不同的集.

取 $A=\{2,2\times3,2\times5,2\times3\times5,3^3\}$，则

$$gfg=\{2,2\times3,2\times5,2\times3\times5\}\neq A.$$

$3^3\in f,3\notin f,3\in gf,3,3^2,3^3\in fgf,3,3^2,3^3\notin fgfgf$，所以 $fgfgf\neq f$.

$(2\times3\times5)^2\in fgfg$；$2\times3^2,2\times5^2\notin f$，所以 $2\times3^2,2\times5^2\in gf$，$(2\times3^2)\times(2\times5^2)\in fgf$，即 $(2\times3\times5)^2\in fgf$，$(2\times3\times5)^2\notin gfgf$.

$2^2\times3^3\notin f(gfg)=fgfg$；$2^2\times3^3\in f$，并且若 $2^2\times3^3=n_1n_2\cdots n_k(k\geqslant2)$，则至少有一个 n_i 中 3 的幂指数不大于 2 的幂指数，因而这个 $n_i\in f$. 从而 $n_i\notin gf$，$2^2\times3^3\notin fgf$，$2^2\times3^3\in gfgf$.

综合以上两段，$fgfg$ 与 $gfgf$ 不可比较，从而 $fgfg$，$gfgf$，$fgfgf$，$gfgfgfg$ 两两不等.

$2,2^2,2^3,\cdots\in fgfg$；$2,2^2,2^3,\cdots\notin gfgfg$；$2,2^2,2^3,\cdots\notin fgfgfg$；$2,2^2,2^3,\cdots\in gfgfgfg$. 所以 $gfgfgfg$，$fgfg$，$gfgf$，$fgfgf$，f 都是无穷集，不与有限集 A，gfg 相等.

于是图 5.7.1 的 7 个集各不相同. 它们的补集即图 5.7.2 的 7 个集也各不相同.

图 5.7.1 的任一集绝不可能等于图 5.7.2 的集. 如果这种情况发生，左图的最大集 f 包含图 5.7.2 的最小集 gf，产生矛盾.

因此，由 $A=\{2,2\times3,2\times5,2\times3\times5,3^3\}$ 经 f,g 复合可产

生 14 个不同的集.

下面再举两种 Kuratowski 定理的推广.

例 3　设 t 为区间$[0,1]$中的实数,定义

$$g(t) = 1 - t.$$

显然 g 具有单调减、幂零这两个性质. 又设函数 $f:[0,1]\to[0,1]$ 满足:

(1) 单调增;

(2) $f(t)\geqslant t$;

(3) $f(f(t))=f(t)$.

则根据前面的证明(将$\subseteq$改为$\leqslant$),g 与 f 复合,至多产生 14 个不同的函数.

证　为了举出恰好产生 14 个不同函数的例子,首先注意 $f(t)$ 的像集必由一些点或一些区间组成,在每一个区间上,$f(t)=t$. 若(c,d)内的点不属于 $f(t)$的像集,而 c,d 属于 $f(t)$的像集,那么 $f(c)=c$,$f(d)=d$,并且在(c,d)上恒有 $f(t)=d$.

现在令

$$f(t)=\begin{cases}\dfrac{1}{6}, & t\in\left[0,\dfrac{1}{6}\right];\\[2mm] \dfrac{7}{24}, & t\in\left(\dfrac{1}{6},\dfrac{7}{24}\right];\\[2mm] \dfrac{3}{4}, & t\in\left(\dfrac{7}{24},\dfrac{3}{4}\right];\\[2mm] \dfrac{7}{8}, & t\in\left(\dfrac{3}{4},\dfrac{7}{8}\right];\\[2mm] 1, & t\in\left(\dfrac{7}{8},1\right].\end{cases}$$

则当 $t=\dfrac{1}{3}$时,图 5.7.1 中各函数的值如图 5.7.3 所示.

而当 $t\in\left(\dfrac{7}{8},1\right)$时,$f(t)=1$,

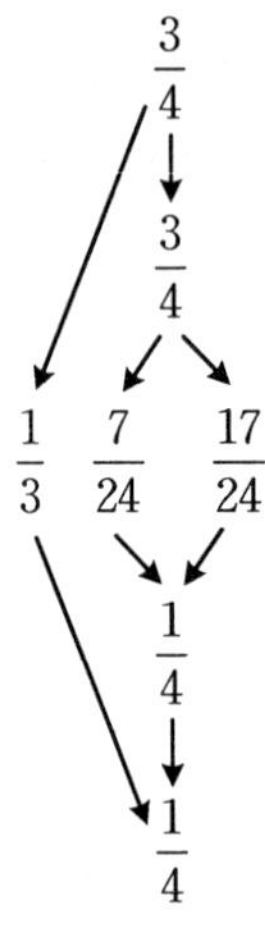

图 5.7.3

$$fgfgf = fgf(0) = fg\left(\frac{1}{6}\right) = f\left(\frac{5}{6}\right) = \frac{7}{8}.$$

当 $t<\frac{1}{8}$ 时，$gfg=0$，

$$gfgfgfg = gfgfg(1) = gfg\left(\frac{1}{6}\right) = \frac{1}{8}.$$

于是图 5.7.1 中 7 个函数各不相同，这时图 5.7.2 中 7 个函数也各不相同（用 1 减去图 5.7.1 的函数就得出图 5.7.2 中相应的函数）.

图 5.7.1 中的函数决不可能与图 5.7.2 中的函数相同. 否则将导出 $f\geqslant gf$ 恒成立. 但在 $t\leqslant\frac{1}{6}$ 时，$f(t)=\frac{1}{6}<gf=\frac{5}{6}$.

因此，我们得到 14 个不同的函数.

例 4 设数轴上的点所成的集为 X，g_1 是关于原点的对称. $f_1:X\to X$，满足：

(1) 单调增（点的大小顺序即相应的实数大小顺序）；

(2) $f_1(t)\geqslant t$;

(3) $f_1(f_1(t))=f_1(t)$,

则由 f_1 与 g_1 复合,至多产生 14 个不同的函数.

证　将例 3 中的自变量 t 改为 $t-\frac{1}{2}$(即将原点移至原来的点 $\frac{1}{2}$ 处),则在那里的 g 就是现在的 $g_1\left(t\in\left[-\frac{1}{2},\frac{1}{2}\right]\right)$.

令 $f_1(t)=f\left(t+\frac{1}{2}\right)$, $t\in\left[-\frac{1}{2},\frac{1}{2}\right]$;并且在 $t\notin\left[-\frac{1}{2},\frac{1}{2}\right]$ 时,$f(t)=t$,则经 g_1,f_1 复合恰产生 14 个不同的函数.

例 5　平面上的点所成的集为 X. 对于任两个点 (a_1,b_1), (a_2,b_2),约定当 $a_2>a_1$ 或 $a_2=a_1$, $b_2>b_1$ 时,

$$(a_1,b_1)<(a_2,b_2).$$

如果 g 是关于原点的对称,而 $f_2:X\to X$,满足:

(1) 单调增;

(2) 对任一点 t, $f_2(t)\geqslant t$, $f_2(f_2(t))=f_2(t)$,

那么由 f_2 与 g 复合,至多产生 14 个不同的函数.

证　我们可以令 $f_2((a,b))=(f_1(a),b)$,以产生 14 个不同的函数.

例 6　平面上的整点所成的集为 X,大小顺序及 g, f_2 均与例 5 相同. 试举一个 f_2 的实例,产生 14 个不同的函数.

证　这只需令 $f_2((a,b))=\left(24f_1\left(\frac{a}{24}\right),b\right)$.

习　　题

1. $A=\{1,2,a\}$,$B=\{2,3,a^2\}$,$C=\{1,2,3,4\}$.问$(A\cap B)\cap C$不可能是________.

(ⅰ)$\{2\}$　(ⅱ)$\{1,2\}$　(ⅲ)$\{2,3\}$　(ⅳ)$\{3\}$

2. 全集$U=\{1,2,3,4,5,6,7,8,9\}$,$A\cap\{1,3,5,7,9\}=\{1,3,5,7\}$.求满足上述要求的$A$的个数.

3. 全集$U=\{1,2,3,4,5\}$,$A\cap B=\{1,2\}$,$A\cup B=\{1,2,3,4\}$.求所有满足上述要求的A与B.

4. $a_1<a_2<a_3<a_4<a_5$都是正整数.$A=\{a_1,a_2,a_3,a_4,a_5\}$,$B=\{a_1^2,a_2^2,a_3^2,a_4^2,a_5^2\}$,$A\cup B$中元素的和为256,$A\cap B=\{a_1,a_4\}$,$a_1+a_4=10$.求$A$.

5. 已知$A\cup B\cup X=A\cup B$,$A\cap X=B\cap X=A\cap B$.证明:集合$X=A\cap B$.

6. 用$n(A)$表示A的子集的个数.已知$|A|=|B|=100$,$n(A)+n(B)+n(C)=n(A\cup B\cup C)$.求$|A\cap B\cap C|$的最小值.

7. 从自然数数列1,2,3,4,5,…中依次划去4的倍数,7的倍数,但其中凡5的倍数均保留不划去,剩下的数中第1 995个是多少?

8. 在正$6n+1$边形中,k个顶点染红色,其余顶点染蓝色.证明:具有同色顶点的等腰三角形的个数P_k与染色方式无关,并且$P_{k+1}-P_k=3k-9n$,从而求出P_k.

9. 证明:

$$|A_1\triangle A_2|+|A_2'\triangle A_3|-|A_1'\triangle A_3|$$
$$=2|A_2\cap A_2'\cap A_3'|+2|A_1'\cap A_2\cap A_3|.$$

10. 证明:

$$\sum_{A_1,\cdots,A_k}|A_1\cup A_2\cup\cdots\cup A_k|=n(2^k-1)2^{k(n-1)}.$$

这里的求和遍及n元集X的所有子集$A_1,A_2,\cdots,A_k$,其中允许有空集与相同的集,并且计及顺序(即$A_1\neq A_2$时,$A_1\cup A_2$与$A_2\cup A_1$算作不同的).

11. 证明:

$$\sum |A_1 \cup A_2 \cup \cdots \cup A_k| = (2^k - 1)\sum |A_1 \cap A_2 \cap \cdots \cap A_k|.$$

和号意义同上题.

12. $m>n$,$A=\{1,2,\cdots,m\}$,$B=\{1,2,\cdots,n\}$,求满足 $C\subseteq A$,$C\cap B\neq\varnothing$ 的 C 的个数.

13. $\mathscr{A}=\{A_1,A_2,\cdots,A_n\}$是 n 元集 X 的子集族,对 $1\leqslant i<j\leqslant m$,$A_i\cup A_j\neq X$,证明:$m\leqslant 2^{n-1}$. 并且在 $m<2^{n-1}$ 时,一定能补充若干个子集到 $\mathscr{A}$ 中,使得$|\mathscr{A}|=2^{n-1}$,同时 $\mathscr{A}$ 中每两个子集的并不是 X.

14. 证明:n 元集 X 的满足 $A\subset B$ 的子集对 A,B 共有 3^n-2^n 对.

15. 已知集 S 中的元素均为正实数,S 对加法封闭(即 $a,b\in S$ 时,$a+b\in S$),并且对任意区间$[a,b]$($a>0$),均有区间$[c,d]\subseteq[a,b]\cap S$. 试确定 S.

16. 设 A,B 都是集 $X=\{1,2,\cdots,n\}$的子集. 如果 A 中的每一个数都严格地大于 B 中的所有的数,那么有序子集对(A,B)称为“好的”. 求 X 的“好的”子集对的个数.

17. 数轴上 n 个有界闭区间,其中任 k 个中均有两个无公共点. 证明:其中至少有$\left[\dfrac{n-1}{k}\right]+1$ 个两两不相交.

18. 25 位绅士围一圆桌而坐. 他们中有些人属于一些团体. 同一团体的绅士相邻而坐,并且

(ⅰ) 每个团体至多 9 个人;

(ⅱ) 每两个团体至少有一个公共成员.

证明:有一位绅士属于所有团体.

19. 设 $\mathscr{A}=\{A_1,A_2,\cdots,A_t\}$是集 X 的 r 元子集的族. 若 $\mathscr{A}$ 中每 $r+1$ 个集的交非空,证明:交 $A_1\cap A_2\cap\cdots\cap A_t\neq\varnothing$.

20. $\mathscr{A}$ 为 X 的子集族,$|\mathscr{A}|=t\geqslant 2$. 证明:形如 $A\triangle B$($A,B\in\mathscr{A}$)的子集中,至少有 t 个互不相同.

21. 设 $A_1,A_2,\cdots,A_n$ 为 n 个两两不同的集. $\{A_{i_1},A_{i_2},\cdots,A_{i_r}\}$为这族集中不含并集的最大子族(不含并集即对任意不同的 $j,s,t\in\{i_1,i_2,\cdots,i_r\}$,$A_j\cup A_s\neq A_t$). 对一切 $A_1,A_2,\cdots,A_n$,令 $f(n)=\min r$. 证明:

$$\sqrt{2n}-1\leqslant f(n)\leqslant 2\sqrt{n}+1.$$

22. 设 $A_1,A_2,\cdots,A_n$ 都是 r 元集. $\bigcup_{i=1}^{n}A_i=X$. 若对自然数 k,这族集中每 k 个的并为 X,每 $k-1$ 个的并为 X 的真子集. 证明:$|X|\geqslant C_n^{k-1}$. 等号成立时,必有 $r=C_{n-1}^{k-1}$.

23. $A_1,A_2,\cdots,A_t$ 都是 r 元集,$X=\bigcup_{i=1}^{t}=A_i$,求 $\min|X|$. 这里最小值是对所有 $A_1,A_2,\cdots,A_t$ 的 $|X|$ 的最小值.

24. 设 $\{A_i\}_{1\leqslant i\leqslant m}$,$\{B_i\}_{1\leqslant i\leqslant m}$ 是两族集,具有性质 $|A_1|=|A_2|=\cdots=|A_m|=p$,$|B_1|=|B_2|=\cdots=|B_m|=q$,并且当且仅当 $i=j$ 时,$A_i\cap B_j=\varnothing$. 证明:$m\leqslant C_{p+q}^{p}$.

25. n 元集 X 的非空子集族 $\mathscr{A}$ 称为滤子族,如果对每对 $A,B\in\mathscr{A}$,存在 $C\in\mathscr{A}$,使得 $C\subseteq A\cap B$. 求滤子族的个数.

26. 设 $\mathscr{A}=\{A_1,A_2,\cdots,A_t\}$ 是集 X 的 r 元子集的族,$t\leqslant 2^{r-1}$. 证明:可将 X 的元素各染成两种颜色之一,使得每个 $A_i(1\leqslant i\leqslant t)$ 的元素不全同色.

27. 设 $\mathscr{A}=\{A_1,A_2,\cdots,A_t\}$ 是集 X 的子集族,满足 $|A_i|\geqslant 2$ 并且 $|A_i\cap A_j|\neq 1(i,j=1,2,\cdots,t,i\neq j)$. 证明:可将 X 的元素各染成两种颜色之一,使得每个 $A_i(1\leqslant i\leqslant t)$ 的元素不全同色.

28. 设 X 为 n 元集. $\mathscr{A}=\{A_1,A_2,\cdots,A_t\}$ 是 X 的子集族,对所有 $i\neq j$,$1\leqslant i,j\leqslant t$,$|A_i\cap A_j|=1$. 证明:$t\leqslant n$.

29. 设 $A_1,A_2,\cdots,A_n$ 与 $B_1,B_2,\cdots,B_n$ 是集 X 的两个分拆. 并且当 $A_i\cap B_j=\varnothing$ 时,$|A_i\cup B_j|\geqslant n(1\leqslant i,j\leqslant n)$. 求证:$|X|\geqslant\dfrac{n^2}{2}$. 并说明在 n 为偶数时,等号可以成立.

30. $\mathscr{A}$ 是 n 元集 X 的一个子集族. 若 X 的每个子集 B 至少与 $\mathscr{A}$ 中一个子集 A 可比较(即 $B\subseteq A$ 或 $A\subseteq B$),则称 $\mathscr{A}$ 为横截族. 设 $\mathscr{A}$ 为最小的横截族(即 $\mathscr{A}$ 为横截族而 $\mathscr{A}$ 的子族均非横截族),证明:$|\mathscr{A}|\leqslant C_n^{\left[\frac{n}{2}\right]}$.

31. $X=\{1,2,\cdots,n\}$ 的子集族 $\mathscr{A}=\{A_1,A_2,\cdots,A_t\}$ 称为完全可分的,如果对任意的 $i,j(1\leqslant i<j\leqslant n)$,存在 $A_k,A_h\in\mathscr{A}$,使得 $i\in A_k-A_h$,$j\in A_h-A_k$. 对任一集族 $\mathscr{A}=\{A_1,A_2,\cdots,A_t\}$,定义 $B_i=\{k\mid i\in A_k\}$,产生一个 $\{1,2,\cdots,t\}$ 的子集族 $\mathscr{A}^*=\{B_1,B_2,\cdots,B_n\}$,$\mathscr{A}^*$ 称为 $\mathscr{A}$ 的对偶. 证明:当且仅当 $\mathscr{A}^*$ 是 S 族时,$\mathscr{A}$ 完全可分.

32. X 的子集族 $\mathscr{A}$ 是 S 族,令 $b(\mathscr{A})$ 为 X 的所有与 $\mathscr{A}$ 中每一子集都相

交的最小集组成的族. 证明：$b(b(\mathscr{A}))=\mathscr{A}$.

33. 任意 t 个集 $A_1,A_2,\cdots,A_t$ 中，总能找出$[t^{\frac{1}{2}}]$个，每两个的并不等于第三个.

34. 设 $\mathscr{A},\mathscr{B}$ 为 n 元集 X 的子集族，$\mathscr{A}$ 中的每个子集 A 与 $\mathscr{B}$ 中的每一个子集 B 均不可比较. 证明：$\sqrt{|\mathscr{A}|}+\sqrt{|\mathscr{B}|}\leqslant 2^{\frac{n}{2}}$.

35. 研究 4.11 节例 1(4)中等号成立的情况.

36. 列出 5.7 节例 1 中图 5.7.2 的 7 个集.

37. 建立区间(a,b)，$[a,b)$，$(a,b]$与$[0,1]$的一一对应.

38. 集合 $A_1,A_2,\cdots$，令 $\overline{A}=\bigcap\limits_{m=1}^{\infty}(\bigcup\limits_{n=m}^{\infty}A_n)$，$\underline{A}=\bigcup\limits_{m=1}^{\infty}(\bigcap\limits_{n=m}^{\infty}A_n)$. 证明：$\overline{A}\supseteq\underline{A}$. 举一个 $\overline{A}\supset\underline{A}$ 的例子.

39. 设 X 为 n 元集，Y 为 X 的 k 元子集，证明：X 的恰含 Y 中 r 个元的子集，所成的最大的 S 族由 $C_k^r C_{n-k}^{\left[\frac{n-k}{2}\right]}$ 个子集组成.

40. 考虑 n 元集 X 到自身的映射 $f(n\geqslant 2)$. 若 a 为 X 中一固定素，对每个 $x\in X$，均有 $f(f(x))=a$. 求这种映射 f 的个数.

41. 设 $\boldsymbol{x}=(x_1,x_2,\cdots,x_n)$，$\boldsymbol{y}=(y_1,y_2,\cdots,y_n)$为两个 n 维向量. 若 $\boldsymbol{x}=\boldsymbol{y}$ 或 $x_i=y_i$ 对 $n-1$ 个 i 成立，则称 y 覆盖 x. 令 X 表示 p^n 个向量$(x_1,x_2,\cdots,x_n)$，$x_i\in\{1,2,\cdots,p\}(i=1,2,\cdots,n)$的集. 若 x 中每个向量至少被 Y 中一个向量覆盖. 求证：$|Y|\geqslant\dfrac{p^n}{n(p-1)+1}$，并且当 $n=2$ 时，$\min|Y|=p$.

42. 设 X 为 n 元集，$n\geqslant 4$，$A_1,A_2,\cdots,A_{100}$ 为 X 的子集，其中可以有相同的，满足$|A_i|>\dfrac{3}{4}n(i=1,2,\cdots,100)$. 证明：存在 $Y\subseteq X$，$|Y|\leqslant 4$ 并且 $Y\cap A_i\neq\varnothing(i=1,2,\cdots,100)$.

43. X 为 n 元集，$n\geqslant 2$，$\mathscr{A}$ 为 X 的子集族. 若 X 的每个真子集与 $\mathscr{A}$ 中偶数个集的交非空，证明：X 的所有非空子集均在 $\mathscr{A}$ 中.

44. 集 X 的元数 $n>1$，并且有一关系 $\wedge$，满足：

(1) 对任一 $x\in X$，$x\wedge x$ 不成立；

(2) 对任一对不同元素 $x,y\in X$，$x\wedge y$ 与 $y\wedge x$ 恰有一个成立；

(3) 若 $x\wedge y$，则有 $z\in X$，使得 $x\wedge z$，$z\wedge y$.

问 X 至少有几个元素？

45. 对于非空数集 S,T,定义

$$S+T=\{s+t \mid s\in S,t\in T\},$$
$$2S=\{2s \mid s\in S\}.$$

设 n 为正整数,A,B 均为$\{1,2,\cdots,n\}$的非空子集.

证明:存在 $A+B$ 的子集 D,满足

$$D+D\subseteq 2(A+B)$$

且

$$|D|\geqslant\frac{|A|\cdot|B|}{2n}.$$

46. 设 $S=\{A_1,A_2,\cdots,A_n\}$,其中 $A_1,A_2,\cdots,A_n$ 是 n 个互不相同的有限集($n\geqslant2$),满足:对任意 $A_i,A_j\in S$,都有 $A_i\cup A_j\in S$. 若 $k=\min\limits_{1\leqslant i\leqslant n}|A_i|\geqslant 2$,证明存在 $x\in\bigcup\limits_{i=1}^{n}A_i$,使得 x 属于 $A_1,A_2,\cdots,A_n$ 中至少$\dfrac{n}{k}$个集合.

47. 设 n,k,m 是正整数,满足 $k\geqslant2$,且

$$n<m<\frac{2k-1}{k}n.$$

又设 A 是$\{1,2,\cdots,m\}$的 n 元子集.

证明:区间$\left(0,\dfrac{n}{k-1}\right)$中的每一个整数均可表示为 $a-a'$,其中 $a,a'\in A$.

48. 设 $E=\{1,2,\cdots,n\}$,$A_1,A_2,\cdots,A_k$ 为 E 的 k 个两两不同的非空子集,并且对任意 $1\leqslant i<j\leqslant k$,或者 $A_i\cap A_j=\varnothing$,或者 A_i 与 A_j 中的一个为另一个的子集,求 k 的最大值.

49. 若整数集 S 中存在两个元素(可以相同),和为 2 的正整数幂,则称 S 为“优集”,否则称为“劣集”. 求正整数 n,使得$\{1,2,\cdots,n\}$有一个含 99 个元素的劣集,而所有含 100 个元素的集均为优集.

50. 求最小的正整数 n,使得从$\{1,2,\cdots,202\}$中任取 n 个数,这 n 个数都存在三个不同的数 a,b,c,满足 $a+2b=c$.

51. $\mathscr{A}$是由有限集 M 的一些子集构成的族,若对于 $\mathscr{A}$ 中任意三个集合 X_1、X_2、X_3,$X_1\overline{X}_2X_3$、$\overline{X}_1X_2X_3$ 中至少有一个为空集,则称 $\mathscr{A}$ 为完美族. 证明:$|\mathscr{A}|\leqslant|M|+1$.

52. 已知正整数 $n\geqslant3$,证明存在一个由 $2n$ 个正整数组成的集合 S 满

足:对于每个 $m=2,3,\cdots,n$,集合 S 能分拆成两个元素之和相等的集,且其中一个子集的元数为 m.

53. 用 D_n 表示正整数 n 的所有正约数构成的集合,求所有正整数 n,使得 D_n 可以写成两个互不相交的子集 A 与 G 的并,满足 A,G 均至少含有 3 个元素,A 中元素可以排成一个等差数列,G 中元素可以排成一个等比数列.

54. $S=\{1,2,\cdots,2\,022\}$,对于每个非空集 $T\subseteq S$,取一个元素 $t\in T$ 作为 T 的代表,这些代表应满足条件:若 $T=A\cup B\cup C$,其中 A,B,C 非空,并且两两的交为空集,则 A,B,C 中至少有一个以 t 为代表,求 S 的代表团有多少种不同的选择.

55. 记 Q 为 $1,2,\cdots,100$ 的一些全排列所成的集合,满足:对于任意的正整数 $a,b,1\leqslant a,b\leqslant 100,a\neq b$,至多存在一个 $\sigma\in Q$,使得在 σ 中 a 后面紧跟着 b,求 $|Q|$ 的最大值.

56. 已知 $X_1,X_2,\cdots,X_{100}$ 为集合 S 的非空子集,两两不等,排成一列,并且对任意的 $i\in\{1,2,\cdots,99\}$,$X_i\cap X_{i+1}=\varnothing$,$X_i\cup X_{i+1}\neq S$. 求 $|S|$ 的最小值.

57. 设整数 $n\geqslant 3$,X 为 n 元集,X 的非空子集列为 $A_1,A_2,\cdots,A_k$,若 $A_1\cup A_2\cup\cdots\cup A_k$ 为 X 的真子集,且 X 中没有元素恰在一个 A_i 中,则称 $A_1,A_2,\cdots,A_k$ 为紧密的.

设 $A_1,A_2,\cdots,A_k$ 互不相同,是 X 的非空真子集,并且这序列及其任何子列都不是紧密的,求 k 的最大值.

58. 设整数 $m\geqslant 2,n\geqslant 3$,集合

$$S=\{(a,b)\mid a=1,2,\cdots,m;b=1,2,\cdots,n\},$$

A 为 S 的子集,若不存在正整数 $x_1<x_2,y_1<y_2<y_3$,且 $(x_1,y_1),(x_1,y_2),(x_1,y_3),(x_2,y_2)\in A$. 求 $|A|$ 的最大值.

59. 设 S 为 35 元集合,F 为一些 $S\rightarrow S$ 的映射所成的集合,k 为正整数. 若对任意 $x,y\in S$,均存在 F 中的 k 个映射 $f_1,f_2,\cdots,f_k$(可以相同),使得 $f_k(\cdots(f_2(f_1(x)))\cdots)=f_k(\cdots(f_2(f_1(y)))\cdots)$,则称 F 具有性质 $P(k)$. 求最小的正整数 m,使得具有性质 $P(2\,019)$ 的 F 都具有性质 $P(m)$.

60. 某公司有 n 名员工,已知其中每两个人在每周至少有 3 天是一位工作而另一位不工作(工作的不一定是同一位,并且员工可以一周都不上班). 求 n 的最大值.

习 题 解 答

1. 显然 $2\in(A\cap B)\cap C$,在四个选项中只有一个正确时,只能选(ⅳ).

如果可选项中未必仅有一个,尚需小心.

$a=0$ 时,$(A\cap B)\cap C=\{2\}$,答案不可能是(ⅱ)(ⅲ)(ⅳ).

$a=-1$ 时,$(A\cap B)\cap C=\{1,2\}$,答案不可能是(ⅰ)(ⅲ)(ⅳ).

$a=3$ 时,$(A\cap B)\cap C=\{2,3\}$,答案不可能是(ⅰ)(ⅱ)(ⅳ).

2. 1,3,5,7 都在 A 中,9 不在 A 中. 2 可能在 A 中,也可能不在,有两种情况. 4,6,8,也都可能在 A 中,或不在 A 中. 共有 $2\times2\times2\times2=16$ 种情况,即 A 的个数有 16 个.

3. 其实全集就用$\{1,2,3,4\}$更好. 元素 3 在 A 或 B 中,而且恰在一个中,有 2 种可能. 元素 4 也是如此. 所以共有 $2\times2=4$ 种可能,即

(1) $A=\{1,2,3,4\}$,$B=\{1,2\}$.

(2) $A=\{1,2,3\}$,$B=\{1,2,4\}$.

(3) $A=\{1,2,4\}$,$B=\{1,2,3\}$.

(4) $A=\{1,2\}$,$B=\{1,2,3,4\}$.

4. $a_1\in A\cap B$,所以 a_1 是 B 中的元,且是最小的元,

$$a_1=a_1^2.$$

从而 $a_1=1$.

由 $a_1+a_4=10$,得 $a_4=9$.

$a_4\in B$,它可能是 a_2^2 或 a_3^2,所以 a_2 或 a_3 为 3,于是,$A=\{1,3,9,a_5\}\cup\{a\}$,$2\leqslant a\leqslant 8$,且 $a\neq3$. $B=\{1,9,81,a_5^2\}\cup\{a^2\}$. $a_5\neq81$,因为 $81^2>256$.

$$A\cup B=\{1,3,9,81,a_5,a_5^2,a,a^2\}$$

$$a+a^2+a_5+a_5^2=256-(1+3+9+81)=162.$$

因为 $13^2>162$,所以 $10\leqslant a_5\leqslant12$,$a_5\neq a^2$.

$a_5=12$ 时,$a+a^2=6$,$a=2$.

$a_5=11$ 时,$a+a^2=30$,$a=5$.

$a_5=10$ 时,$a+a^2=52$,无解.

因此,$A=\{1,2,3,9,12\}$或$\{1,3,5,9,11\}$.

本题先定出 A 中最大的 a_5,比先定出 a 快捷.

5. 由 $A\cap X=A\cap B$ 得 $X\supseteq A\cap B$. 由 $A\cup B\cup X=A\cup B$ 得 $X\subseteq A\cup B$,此式及 $A\cap X=A\cap B$ 得 $X\subseteq B$. 同理 $X\subseteq A$. 因此 $X\subseteq A\cap B$. 综合起来得 $X=A\cap B$.

6. 设 $|C|=c$,$|A\cup B\cup C|=d$,则 $2^{100}+2^{100}+2^c=2^d$,即 $2^{101}+2^c=2^d$. 显然 d 大于 c 与 101,因此 $2^{101}\mid 2^c$,$2^c\mid 2^{101}$,从而 $c=101$,$d=102$. $A\cap B$ 至少有 $100+100-102=98$ 个元,其中至多有 $102-101=1$ 个元不属于 C. 所求最小值为 $98-1=97$.

7. 可按 1.11 节例 4 解.

另一种解法:4,5,7 的最小公倍数为 140. 由孙子剩余定理得,1 至 140 中的数可唯一地表示成(a,b,c)的形式,其中 a,b,c 分别为该数除以 4,5,7 的余数. 保留的数有$(a,0,c)$及(a,b,c),$b\neq 0$ 两种. 前者 $a\in\{0,1,2,3\}$,$c\in\{0,1,2,3,4,5,6\}$,共有 $4\times 7=28$ 个;后者 $a\in\{1,2,3\}$,$b\in\{1,2,3,4\}$,$c\in\{1,2,3,4,5,6\}$,共有 $3\times 4\times 6=72$ 个. 因此,1 至 140 中共留下 $28+72=100$ 个数,其中最大的五个数为 140,139,138,137,135. 在前 $140\times 20=2\,800$ 个自然数中留下 $100\times 20=2\,000$ 个数. 因此,第 1 995 个数是 $2\,800-(140-135)=2\,795$.

8. 设 P_k 与染色方式无关. 现在增加一个红点 A,以 A 为顶点的等腰三角形中,设顶点全红的有 a_3 个,两个红点的 a_2 个,一个红点的 a_1 个,则 $a_1+a_2+a_3=9n$(其中 $3n$ 个以 A 为尖,$6n$ 个不以 A 为尖),$a_2+2a_3=3k$(另一不同于 A 的红点有 k 种取法,这点与 A 可作为三个等腰角形的两个顶点. 这样组成的等腰三角形中,每个顶点全红的三角形被计算了两次). 由以上两方程得 $a_3-a_1=3k-9n$. 而增加红点 A 时,同色顶点的等腰三角形的个数 P_k 增加 a_3,减少 a_1(增加 a_3 个顶点全红的,减少 a_1 个顶点全蓝的等腰三角形). 因此 P_{k+1} 与染色方式无关,并且 $P_{k+1}-P_k=a_3-a_1=3k-9n$,由于 $P_0=3n(6n+1)$,所以 $P_k=P_0-9kn+3\sum_{i=1}^{k}i=3n(6n+1)-9kn+\frac{3}{2}k(k-1)$.

9. 左边$=|A_1|-|A_1\cap A_2|+|A_2|-|A_1\cap A_2|+|A_2'|-|A_2'\cap A_3|$

$$
\begin{aligned}
&+|A_3|-|A_2'\cap A_3|-|A_1'|-|A_3|+2|A_1'\cap A_3|\\
=&2(|A_1|-A_1\cap A_2|-|A_2'\cap A_3|+|A_1'\cap A_3|)\\
=&2(|A_1\cap A_2'|-|A_2'\cap A_3|+|A_1'\cap A_3|)\\
=&2(A_1\cap A_2'|-|A_1\cap A_2'\cap A_3|-|A_1'\cap A_2'\cap A_3|+|A_1'\cap A_3|)\\
=&2(|A_1\cap A_2'\cap A_3'|+|A_1'\cap A_2\cap A_3|).
\end{aligned}
$$

10. X 有 2^n 个子集，每个均可作为 $A_1,A_2,\cdots,A_k$ 中的任一个，因此和共有 $(2^n)^k$ 项. 不含 i 的子集共有 2^{n-1} 个 $(1\leqslant i\leqslant n)$，因此，$i$ 不在 $(2^{n-1})^k$ 项出现，即 i 对和的贡献是 $(2^n)^k-(2^{n-1})^k$. 从而和为 $n(2^{nk}-2^{(n-1)k})$.

11. 右边的和 $=\sum|A_1'\cap A_2'\cap\cdots\cap A_k'|$

$$
\begin{aligned}
&=\sum|(A_1\cup\cdots\cup A_k)'|\\
&=\sum(n-|A_1\cup\cdots\cup A_k|)\\
&=n\cdot 2^k-n(2^{nk}-2^{(n-1)k})=n\cdot 2^{(n-1)k}.
\end{aligned}
$$

从而两边相等.

12. C 不是 $\{n+1,n+2,\cdots,m\}$ 的子集，这样的子集有 2^{m-n} 个，因此，C 有 2^m-2^{m-n} 个.

13. $A_i\cup A_j\neq X$ 即 $A_i'\cap A_j'\neq\varnothing$，由 4.5 节例 1 知，$A_1',A_2',\cdots,A_m'$ 的个数 $m\leqslant 2^{n-1}$，并且可以补充若干个 A_k'，使每两个交非空的集增加到 2^{n-1} 个. 从而对 $\mathscr{A}$ 结论成立.

14. $(X-B)\cup(B-A)\cup A$ 是 X 的一个分拆. 因此，X 的每个元可以属于三者之一，共有 3^n 种上述分拆，其中 $B-A=\varnothing$ 的有 2^n 种，应当排除.

15. 对任一正实数 t，取正实数 $s<t$. 由已知得，存在区间 $[c,d]\subseteq[s,t]\cap S$.

在区间 $[t-d,t-c]\left(\text{这是关于}[0,t]\text{的中点}\dfrac{t}{2}\text{，与}[c,d]\text{对称的区间}\right)$ 中，由已知，存在区间 $[e,f]\subseteq S$.

$t-e\left(e\text{ 关于}\dfrac{t}{2}\text{的对称点}\right)$ 在区间 $[c,d]$ 中，因而 $t-e\in S$.

由加法封闭性，$t=e+(t-e)\in S$.

所以 S 由全体正实数组成.

16. 设 $|A\cup B|=k$. 元数为 k 的子集有 C_n^k 个，对任一 k 元子集 $\{a_1,a_2,\cdots,a_k\}\subseteq X$，$a_1<a_2<\cdots<a_k$，集 B 可为 $\varnothing$，$\{a_1\}$，$\{a_1,a_2\}$，$\cdots$，$\{a_1,a_2,\cdots,$

$a_k\}$,共有 $k+1$ 种,因此好子集对的个数为

$$\sum_{k=0}^{n}(k+1)C_n^k = 2^n + n\cdot 2^{n-1}.$$

17. 答案可加强为$\left\lceil\frac{n}{k-1}\right\rceil$. 对 n 归纳. 考虑各区间中右端点最大的 k 个区间,其中必有两个区间$[a,b]$,$[c,d]$互不相交,即 $b<c$.

再考虑剩下的 $n-k$ 个区间及$[a,b]$. 由归纳假设,其中有$\left\lceil\frac{n-k+1}{k-1}\right\rceil$个两两不相交的区间. 这些区间的右端点均$\leqslant b$,因而不与$[c,d]$相交. 连同$[c,d]$共有$\left\lceil\frac{n-k+1}{k-1}\right\rceil+1=\left\lceil\frac{n}{k-1}\right\rceil$个两两不相交的区间.

18. 将人依圆桌的(顺时针)次序编号为 1,2,…,25. 不妨设一个团体由 9,10,…,$8+k(k\leqslant 9)$组成. 这时含 1 的团体必为$\{1,2,\cdots,9\}$,含 25 的团体必为$\{25,24,\cdots,17\}$(否则与(ⅰ),(ⅱ)矛盾). 由于$\{1,2,\cdots,9\}$与$\{25,24,\cdots,17\}$无公共成员,所以这两个团体至多出现一个. 即 1 或 25 中至少有一个不属于任何一个团体.

不妨设 25 不属于任何一个团体. 各团体的最大号数的最小值记为 m,则 m 必属于所有团体. 事实上,m 是某团体 C_1 的最大号数,对任一团体 C_i,C_i 的最大号数 $m_i\geqslant m$. 由于 $C_i\cap C_1\neq\varnothing$,$C_i$ 的最小号数必不大于 m,从而 $m\in C$.

注 如果从 25 那里将圆周剪断,拉成直线,问题便化成直线上若干闭区间,每两个有公共点,则这些闭区间有公共点.

19. 设 $A_1=\{x_1,x_2,\cdots,x_r\}$. 若 $A_1\cap A_2\cap\cdots\cap A_t=\varnothing$,则对每个 $i(1\leqslant i\leqslant r)$,均有一个 $\mathscr{A}$ 中的子集不含 x_i. 这些集(不超过 r 个)与 A_1 的交为空集,矛盾.

20. 设 $\mathscr{A}=\{A_1,A_2,\cdots,A_t\}$. 由 1.10 节例 1 知,$A_1\triangle A_i(1\leqslant i\leqslant t)$互不相同.

21. 先证 $r\geqslant\sqrt{2n}-1$. 不妨设 A_1 是$\{A_1,A_2,\cdots,A_n\}$中的最小(即 A_1 不包含其他的集 $A_i(i\neq 1)$). 设已有 $A_{i_1}=A_1,A_{i_2},\cdots,A_{i_s}$,组成无并的族. 因为 $A_{i_1},A_{i_2},\cdots,A_{i_s}$ 两两的并集至多 C_s^2 个,所以在 $n-s>C_s^2$ 时,总可以在剩下的 $n-s$ 个集中再取出一个不等于 $A_{i_1},A_{i_2},\cdots,A_{i_s}$ 中任两个的并. 这样继续下去,直至选出无并族 $A_{i_1},A_{i_2},\cdots A_{i_r}$,$r$ 满足 $n-r\leqslant C_r^2$,从而 $r\geqslant$

$\sqrt{2n}-1$.

再证 $\min r<2\sqrt{n}+1$，设 t 为满足 $\left[\frac{t^2}{r}\right]\geqslant n$ 的最小整数. 考虑 $\left[\frac{t^2}{4}\right]=\left[\frac{t}{2}\right]\left[\frac{t+1}{2}\right]$ 个自然数的集合.

$$A_{i,j}=\{x\mid i\leqslant x\leqslant j\},\quad 1\leqslant i\leqslant\frac{t}{2}<j\leqslant t.$$

设 $\{A_{i_k,j_k},1\leqslant k\leqslant r\}$ 为无并的子族，则对每个 k，以下两种情况不能同时发生：(1) 存在 A_{i_s,j_s}，满足 $i_s=i_k,j_s<j_k$；(2) 存在 A_{i_t,j_t}，满足 $i_t>i_k,j_k=j_k$. 否则 $A_{i_s,j_s}\cup A_{i_t,j_t}=A_{i_k,j_k}$. 当(1)不发生时，将 i_k 染红；当(2)不发生时，将 j_k 染红. 这样，对每个 k，$\{1,2,\cdots,t\}$ 中有一个对应的红点. 与不同的 k 对应的红点不同(若与 k,k' 对应的红点均为 i_k，则(1)发生，与红点定义矛盾. 若与 k,k' 对应的红点均为 j_k，则(2)发生，矛盾). 于是 $r\leqslant t$. 从而 $r<2\sqrt{m}+1$.

22. 对每 $k-1$ 个的并，X 至少有一个元不在这并集中，不同的并对应的元不同. 因此 $|X|\geqslant C_n^{k-1}$.

若 $|X|=C_n^{k-1}$，则 X 的每个元恰与一族 $k-1$ 个集对应，这个元不在这 $k-1$ 个集中，在其他 $n-(k-1)$ 个集中. 因此，

$$nr=\sum|A_i|=(n-k+1)|X|=(n-k+1)C_n^{k-1},$$

$$r=\frac{n-k+1}{n}C_n^{k-1}=C_{n-1}^{k-1}.$$

23. 设 n 为满足 $C_n^r\geqslant t$ 的最小整数. 一方面，$A_1,A_2,\cdots,A_t$ 都是 X 的 r 元子集，所以 $t\leqslant C_{|X|}^r$. 从而 $|X|\geqslant n$.

另一方面，任一 n 元集 X，有 $C_n^r\geqslant t$ 个 r 元子集，从中任取 t 个. 设它们的并集为 Y，则由上面所说，$|Y|\geqslant n$，因而 $Y=X$. X 就是所取 t 个 r 元集的并集.

因此，所求最小值即 n.

24. 在 4.1 节例 3 中，令 $a_1=a_2=\cdots=a_n=p$，$b_1=b_2=\cdots=b_m=q$ 即得.

25. 设 $\mathscr{A}=\{A_1,A_2,\cdots,A_t\}$，其中 A_1 最小，即 A_1 不包含 $A_2,A_3,\cdots,A_t$ 中任何一个. 由于 $A_1\cap A_2,A_1\cap A_3,\cdots,A_1\cap A_t$ 均在 $\mathscr{A}$ 中，所以 $A_1\cap A_2=A_1\cap A_3=\cdots=A_1\cap A_t=A_1$，$\mathscr{A}=\{A_1,A_1\cup B_2,\cdots,A_1\cup B_t\}$，其中 B_2，

$B_3,\cdots,B_t$ 是互不相同的非空集合，且均是 $X-A_1$ 的子集.

设 $|X-A_1|=k$，则 $0\leqslant k\leqslant n-1$. $\{B_2,B_3,\cdots,B_t\}$ 是 $X-A_1$ 的非空子集的族，$X-A_1$ 有 2^k-1 个非空子集，每一个均可属于，也可不属于 $\{B_2,B_3,\cdots,B_t\}$，因而 $\{B_2,B_3,\cdots,B_t\}$ 有 2^{2^k-1} 个. 而 A_1 有 C_n^{n-k} 种所以滤子族的个数为 $\sum\limits_{k=0}^{n-1}C_n^k 2^{2^k-1}$.

26. 设 $|X|=n$. 至少有一个 A_i 同色的种数 $<t\times2\times2^{n-r}\leqslant2^{r-1}\times2\times2^{n-r}=2^n$. 其中 2 表示 A_i 的元素可全染红或全染黑，2^{n-r} 是 $X-A_i$ 的元素的染色的种数. 由于在 X 的元素全同色时，$A_1,A_2,\cdots,A_n$ 均同色，所以上面的第一个不等号是严格的. X 的染色方法有 2^n 种，因此必有一种使得每个 A_i 均不同色.

27. 任意地将 X 的元素染成红或黑色，若 A_1 中的元素全红，将 A_1 中一个元素 x 改为黑色. 由于 $|A_1|\geqslant2$，所以 A_1 不同色. 设已有 $A_1,A_2,\cdots,A_i$，每个集的元素不全同色. 若 A_{i+1} 的元素同色，不妨设全为红色，将 A_{i+1} 中一个元素 y 改为黑色，这时 A_{i+1} 中的元素不全同色. 若有 $A_j\,(1\leqslant j\leqslant i)$ 变为同色，则 A_j 中元素均与 y 同为黑色，$|A_j\wedge A_{i+1}|=|\{y\}|=1$，矛盾. 因此，$A_1,A_2,\cdots,A_{j+1}$ 每个集的元素不全同色. 继续这样调整，可使 $A_1,A_2,\cdots,A_t$ 各个集的元素不全同色.

28. 对任一个 $x\in X$，用 $d(x)$ 表示 $\mathscr{A}$ 中含 x 的子集个数. 若有某个 $d(x)=t$，则 $A_1-\{x\},A_2-\{x\},\cdots,A_t-\{x\}$（其中可能有一个空集）两两不相交，因此 $t\leqslant n$.

设恒有 $d(x)<t$. 对 x，$\mathscr{A}$ 中存在 $A_1,A_2,\cdots,A_{d(x)}$ 及 A，满足 $x\in A_1,A_2,\cdots,A_{d(x)}$ 及 $x\notin A$. 由已知 $|A_i\cap A_j|=1$，$A\cap A_1,A\cap A_2,\cdots,A\cap A_{d(x)}$ 均是单元素集，并且各不相同，所以 $|A|\geqslant d(x)$.

若 $t>n$，则 $\dfrac{d(x)}{t-d(x)}<\dfrac{d(x)}{n-d(x)}\leqslant\dfrac{|A|}{n-|A|}$. 求和得

$$\sum_{x\in X}\sum_{\substack{x\notin X\\ A\in\mathscr{A}}}\frac{d(x)}{t-d(x)}=\sum_{x\in X}d(x)<\sum_{A\in\mathscr{A}}\sum_{x\notin A}\frac{|A|}{n-|A|}=\sum_{A\in\mathscr{A}}|A|.$$

另一方面，考虑一个两部分图. 一部分有 n 个点，代表 X 的 n 个元素. 另一部分有 t 个点，代表 $\mathscr{A}$ 中的 t 个子集. 若 $x\in A$，就在代表 x 与代表 A 的点之间连一条线. $\sum d(x)$ 与 $\sum|A|$ 都是这个图的线的条数，所以

$\sum d(x) = \sum |A|$. 与上面的不等式矛盾. 这表明 $t \leqslant n$.

29. 令 $k=\min(|A_i|,|B_i|,1\leqslant i\leqslant n)$. 不妨设 $|A_1|=k$. 因为 $B_1,B_2,\cdots,B_n$ 两两不相交，所以至多有 k 个 B_i 满足 $A_1\cap B_i\neq\varnothing$. 设这些 B_i 为 $B_1,B_2,\cdots,B_m$，$m\leqslant k$，则对于 $i>m$，$|B_i|\geqslant n-|A_1|=n-k$. 当 $k<\dfrac{n}{2}$ 时，

$$\begin{aligned}|X| &= \sum_{i=1}^{m}|B_i| + \sum_{i=m+1}^{n}|B_i| \geqslant mk+(n-m)(n-k)\\ &= n(n-k)-m(n-2k) > n(n-k)-k(n-2k)\\ &= \frac{n^2}{2}+\left(\frac{n}{\sqrt{2}}-\sqrt{2}k\right)^2 \geqslant \frac{n^2}{2}.\end{aligned}$$

当 $k\geqslant\dfrac{n}{2}$ 时，$|X|=\sum\limits_{i=1}^{n}|A_i|\geqslant nk\geqslant\dfrac{n^2}{2}$.

若 n 为偶数，将 $\dfrac{n^2}{2}$ 元集 X 分拆为 n 个 $\dfrac{n}{2}$ 元集 $A_1,A_2,\cdots,A_n$. 又令 $B_i=A_i(1\leqslant i\leqslant n)$，则题中条件均满足.

30. 对每个 $A\in\mathscr{A}$，必有 X 的子集 A_1，A_1 与 A 可以比较，与 $\mathscr{A}$ 中其他子集均不可比较(否则 A 可取消，与 $\mathscr{A}$ 的最小性矛盾). 令 A,A_1 中较大的为 A^*，$\mathscr{A}^*=\{A^*\mid A\in\mathscr{A}\}$. 显然不同的 A,A^* 不同，所以 $|\mathscr{A}^*|=|\mathscr{A}|$.

$\mathscr{A}^*$ 是 S 族. 事实上，若 $\mathscr{A}^*$ 中有 $C^*\subseteq D^*$，则有四种情况：(1) $C^*=C$，$D^*=D_1$. 这时 D_1 与 C 可比较. (2) $C^*=C,D^*=D$. 这时 $C_1\subseteq C\subseteq D$. (3) $C^*=C_1,D^*=D$. 这时 $C_1\subseteq D$. (4) $C^*=C_1,D^*=D_1$，这时 $C\subseteq C_1\subseteq D_1$. 均导致矛盾.

因此 $|\mathscr{A}|=|\mathscr{A}^*|\leqslant \mathrm{C}_n^{\left[\frac{n}{2}\right]}$.

31. "B_i 不是 B_j 的子集"意味着存在 $k\in B_i-B_j$，即 $i\in A_k,j\notin A_k$. "B_j 不是 B_i 的子集"意味存在 h 使得 $i\notin A_h,j\in A_h$. 从而 $\mathscr{A}^*$ 为 S 族导出 $\mathscr{A}$ 完全可分. 反之亦然.

32. $\mathscr{A}$ 中每一子集与 $b(\mathscr{A})$ 中每一子集均相交，因此，$\mathscr{A}$ 中每一子集必含一个 $b(b(\mathscr{A}))$ 中的子集. 反之，设 A 为 $b(b(\mathscr{A}))$ 中一个子集，则 A 与 $b(\mathscr{A})$ 中每一子集均相交，A' 必不包含 $b(\mathscr{A})$ 中任一子集，即 A' 不可能与 $\mathscr{A}$ 中每一子集均相交. 于是 $\mathscr{A}$ 中有 A_1，$A_1\cap A'=\varnothing$，即 $A_1\subseteq A$. 从而 $b(b(\mathscr{A}))$ 中每一子集必含一个 $\mathscr{A}$ 中的子集.

于是，设 $A\in\mathscr{A}$，则有 $B\in b(b(\mathscr{A}))$ 满足 $A\supseteq B$，又有 $C\in\mathscr{A}$ 满足 $B\supseteq C$.

但 $\mathscr{A}$ 为 S 族,所以 $A=B=C$. 因此 $\mathscr{A}\subseteq b(b(\mathscr{A}))$. 反之,对 $B\in b(b(\mathscr{A}))$,存在 $C\in\mathscr{A}$ 满足 $B\supseteq C$. 由于 $C\in b(b(\mathscr{A}))$,它是与所有 $b(\mathscr{A})$ 中子集均相交的最小集,所以 $B=C$. 即 $b(b(\mathscr{A}))\subseteq\mathscr{A}$. 从而 $\mathscr{A}=b(b(\mathscr{A}))$.

33. 考虑由 $A_1,A_2,\cdots,A_t$ 组成的链. 如果有一条链含有至少$[t^{\frac{1}{2}}]$个 $A_i(1\leqslant i\leqslant t)$,这$[t^{\frac{1}{2}}]$个子集满足要求. 否则,对每个 $i(1\leqslant i\leqslant t)$,称以 A_i 为最小元的链的最大长度为 A_i 的层数,则层数$\leqslant[t^{\frac{1}{2}}]$. 因此,必有$[t^{\frac{1}{2}}]$个 A_i 的层数相同. 它们构成 S 族,满足要求.

34. 设 $\mathscr{H}=\{A|A\subseteq X,A$ 包含 $\mathscr{A}$ 中一子集也包含强 $\mathscr{B}$ 中一子集$\}$,

$\mathscr{P}=\{A\mid A\subseteq X,A$ 包含 $\mathscr{A}$ 中一子集,但不包含 $\mathscr{B}$ 中任一子集$\}$,

$\mathscr{Q}=\{A\mid A\subseteq X,A$ 包含 $\mathscr{B}$ 中一子集,但不包含 $\mathscr{A}$ 中任一子集$\}$,

$\mathscr{H}=\{A\mid A\subseteq X,A$ 不包含 $\mathscr{A}$ 中任一子集,也不包含 $\mathscr{B}$ 中任一子集$\}$.

$\mathscr{U}=\mathscr{H}\cup\mathscr{P},\mathscr{D}=\mathscr{P}\cup\mathscr{H}$,则 $\mathscr{U}$ 为上族,$\mathscr{D}$ 为下族,由 4.9 节(4)知,$(|\mathscr{H}|+|\mathscr{P}|)\cdot(|\mathscr{P}|+|\mathscr{H}|)\geqslant 2^n|\mathscr{P}|$. 又$|\mathscr{H}|+|\mathscr{P}|+|\mathscr{Q}|+|\mathscr{H}|=2^n$,代入上式消去 2^n,然后再化简得$|\mathscr{P}|\cdot|\mathscr{Q}|\leqslant|\mathscr{H}|\cdot|\mathscr{H}|\leqslant\left(\frac{|\mathscr{H}|+|\mathscr{H}|}{2}\right)^2=\left(\frac{2^n-|\mathscr{P}|-|\mathscr{Q}|}{2}\right)^2$

从而$(\sqrt{|\mathscr{P}|}+\sqrt{|\mathscr{Q}|})^2\leqslant 2^n$. 显然有 $\mathscr{A}\subseteq\mathscr{P},\mathscr{B}\subseteq\mathscr{Q}$. 因此,$\sqrt{|\mathscr{A}|}+\sqrt{|\mathscr{B}|}\leqslant\sqrt{|\mathscr{P}|}+\sqrt{|\mathscr{Q}|}\leqslant 2^{\frac{n}{2}}$.

35. 因为$\sum\limits_{i\in I_j}w_{j(i)}=1$,所以

$$B_1\cap X_j=B_2\cap X_j=\cdots=B_t\cap X_j\quad(j=1,2,\cdots,n).$$

对 j 求和得

$$B_1=B_1\cap(\bigcup_j X_j)=B_1\cap X=B_2=\cdots=B_t=B.$$

又对每个 j,凡成为 X_j 子集的 A_i,元数 a_i 均相等,并且它们是 X_j-B 的全部 a_i 元子集. 若一切 a_i 均等于 a,则由 $\sum\limits_{i=1}^{t}w(i)=1$ 得 $t=C_{n-b}^{a}$,结论成立. 若有 $a_i\neq a_k$,不妨设 $A_k\subseteq X_1,A_i\subseteq X_j$,并且 $a_k<n-1$. 这时 $j\in A_k$(因为 $A_k\nsubseteq X_j$),又有 $h\neq 1,h\notin A_k$(因为 $a_k<n-1$). 所以 $A_k\cup\{h\}-\{j\}\subseteq X_1$ 且元数与 A_k 相同,因而必为某个 A_q,并且$\subseteq X_j$,所以$|A_h|=|A_i|$,与 $a_i\neq a_k$ 矛盾. 因此一切 a_i 均等于 a.

36. $g=\{[1,2]$中的无理点$\}\cup\{3\}\cup(4,5)$.

$$gf=(4,5),\quad fg=[1,2]\cup\{3\}\cup[4,5],$$

$$fgf=[4,5],\quad gfgfg=[1,2)\cup(4,5,],$$
$$gfgfgf=(4,5],\quad fgfgfg=[1,2]\cup[4,5].$$

37. $f(x)=\begin{cases}x, & 若\ x\neq\dfrac{1}{2^n},n=1,2,\cdots;\\ 2x, & 若\ x=\dfrac{1}{2^n},n=1,2,\cdots\end{cases}$ 建立$[0,1)$与$[0,1]$之间的一一对应. $f(1-x)$建立$(0,1]$与$[0,1]$之间的一一对应. $\varphi_{(x)}=\begin{cases}\dfrac{1-f(1-2x)}{2}, & 若\ x\in\left(0,\dfrac{1}{2}\right];\\ \dfrac{1+f(2x-1)}{2}, & 若\ x\in\left[\dfrac{1}{2},1\right)\end{cases}$ 建立$(0,1)$与$[0,1]$之间的一一对应. 将$y=(b-a)x+a$与上述函数复合便得到所需的对应. 当然这样的对应决非唯一.

38. $\overline{A}$的元素属于无穷多个A_n. $\underline{A}$的元素属于A_n($n\geqslant$某个与该元素有关的m),因而属于无穷多个A_n,即属于$\overline{A}$. 所以$\underline{A}\subseteq\overline{A}$.

令$A_1=A_3=A_5=\cdots=A$, $A_2=A_4=A_6=\cdots=B$,则$\overline{A}=A\cup B$, $\underline{A}=A\cap B$.

39. 集族$\left\{A\cup B\,|\,A\subseteq Y,|A|=r,B\subseteq X-Y,|B|=\left[\dfrac{n-k}{2}\right]\right\}$的元数为$C_k^r C_{n-k}^{\left[\frac{n-k}{2}\right]}$.

另一方面,设$\mathscr{A}$为满足要求的最大集族. 对Y的任一r元子集A, $\mathscr{A}$中所有含A的子集互不包含,它们减去A后组成$X-Y$的S族,因而个数$\leqslant C_{n-k}^{\left[\frac{n-k}{2}\right]}$.

40. 显然$a=f(f((a)))=f(a)$. 设除去a外,还有k个元的像为a,这k个元有C_{n-1}^k种选择. X中其他的$n-k-1$个元,每个元的像可为这k个元中任何一个. 于是f共有$\sum\limits_{k=1}^{n-1}C_{n-1}^k\cdot k^{n-k-1}$个.

41. 每一个n维向量恰盖住$C_n^1\times(p-1)+1$个向量,因此$|Y|\geqslant\dfrac{p^n}{n(p-1)+1}$.

当$n=2$时,$\{(1,1),(2,2),\cdots,(p,p)\}$可覆盖$X$. 另一方面,对任$p-1$个向量的集$\{(a_i,b_i),i=1,2,\cdots,p-1\}$,存在$a\neq a_i(1\leqslant i\leqslant p-1)$, $b\neq b_i$

$(1\leqslant i\leqslant p-1)$. (a,b)不被这 $p-1$ 个向量覆盖. 因此 $\min|Y|=p$.

42. 设 $X=\{x_1,x_2,\cdots,x_n\}$, $A_1,A_2,\cdots,A_{100}$ 中含 x_k 的有 n_k 个$(k=1,2,\cdots,n)$,则

$$\sum n_k=\sum|A_i|>\frac{3}{4}n\times 100=75n.$$

于是必有 k 使 $n_k\geqslant 76$. 不妨设 $n_1\geqslant 76$.

设 $A_1,A_2,\cdots,A_{100}$ 中不含 x_1 的为 $B_1,B_2,\cdots,B_s$, $s\leqslant 100-76=24$. $\sum|B_i|>\frac{3}{4}ns$,因而必有 x_k 属于 $>\frac{3}{4}s$ 个 B_i,不妨设 x_2 属于 $>\frac{3}{4}s$ 个 B_i. $B_1,B_2,\cdots,B_s$ 中不含 x_2 的为 $C_1,C_2,\cdots,C_t$,则 $t<\frac{1}{4}s\leqslant 6$.

最后,$C_1,C_2,\cdots,C_t$ 中不含某个 x_3 的 $<\frac{1}{4}t\leqslant\frac{5}{4}$ 个,即至多一个,设这个为 D.

取 $Y=\{x_1,x_2,x_3,x_4\}$, $x_4\in D$.

43. 不妨设$\varnothing\notin\mathscr{A}$. 显然 $\mathscr{A}\neq\{X\}$,设 $A\in\mathscr{A}$ 并且$|A|=a\geqslant 1$ 为最小. 因为 $a\leqslant n-1$, $X-A$ 是 X 的真子集,$X-A$ 与 $\mathscr{A}$ 中除 A 外的所有子集的交均非空,因此,$|\mathscr{A}|-1$ 是偶数,$\mathscr{A}$ 含有 X 中奇数个子集.

对任一 $x\in X$,若$\{x\}\notin\mathscr{A}$,则 $X-\{x\}$与 $\mathscr{A}$ 中所有子集(奇数个)均相交,与已知矛盾. 因此,$\{x\}\in\mathscr{A}$.

设每个元数$<k(<n)$的子集$\in\mathscr{A}$. 对元数为 k 的子集 A,若 $A\notin\mathscr{A}$,则 $X-A$ 与 $\mathscr{A}$ 中除去 $2^{|A|}-2$ 个(A 的真子集共 $2^{|A|}-2$ 个)外的子集相交,与已知矛盾. 于是 X 的真子集均在 $\mathscr{A}$ 中.

若 $X\notin\mathscr{A}$,则$|\mathscr{A}|=2^n-2$ 为偶数,与上面所证矛盾. 所以 $X\in\mathscr{A}$. $\mathscr{A}=P(X)$ 或 $P(X)-\{\varnothing\}$.

44. 设 $x_1,x_2\in X$. 由(2)可设 $x_1\wedge x_2$. 由(3)有 $x_3\in X$,使 $x_1\wedge x_3\wedge x_2$(即 $x_1\wedge x_3$, $x_3\wedge x_2$).

类似地,有 $x_4,x_5,x_6,x_7\in X$,满足:

$$x_1\wedge x_4\wedge x_3,\ x_4\wedge x_5\wedge x_3,\ x_3\wedge x_6\wedge x_2,\ x_3\wedge x_7\wedge x_6.$$

由(1)得 $x_3\neq x_1,x_2$,而 $x_4\neq x_1,x_3$,由(2)得 $x_4\neq x_2$.

类似地,$x_3\neq x_1,x_2,x_3,x_4$;$x_6\neq x_1,x_2,x_3,x_4,x_5$;$x_7\neq x_1,x_2,x_3,x_4,x_5,x_6$.

从而 X 至少有 7 个元素.

另一方面，对任一元数$\geqslant 7$的有限集X，均可建立一个二元关系$\wedge$，满足(1)，(2)，(3).

情况 1 $X=\{1,2,\cdots,n\}$，n为奇数($\geqslant 7$).

对于$1\leqslant s<t\leqslant n$，定义：

$s\wedge t$，若$t-s=1$或小于$n-1$的正偶数，

$t\wedge s$，若$t-s=n-1$或大于1的奇数.

显然(1)，(2)成立. 设有$x\wedge y$. 1° $y-x=1$，这时又分两种情况：$x\leqslant n-4$时，$x\wedge(x+4)\wedge y$. $x>n-4$时，$x\wedge(x-n+4)\wedge y$. 2° $y-x$为小于$n-1$的正偶数. 当$y-x>2$时，$x\wedge(x+2)\wedge y$. 当$y-x=2$时，$x\wedge(x+1)\wedge y$. 3° $x-y=n-1$或大于1的奇数. 当$y\geqslant 3$时，$x-y$是大于1的奇数，$x\wedge(y-2)\wedge y$. 当$x\leqslant n-2$时，$x\wedge(x+2)\wedge y$. 当$y=1$而$x=n-1$时，$x\wedge n\wedge y$. 当$y=1$而$x=n$时，$x\wedge(n-3)\wedge y$. 当$y=2$而$x=n$时，$x\wedge 1\wedge y$.

于是(3)成立.

情况 2 $X=\{1,2,\cdots,n+1\}$，n为奇数($\geqslant 7$).

在$\{1,2,\cdots,n\}$上定义$\wedge$与情况1相同. 此外$x\wedge(n+1)$，$x=1,2,\cdots,n$.

显然(1)，(2)成立. 设$x\wedge y$. 若$x,y\leqslant n$，与情况(1)一样，(3)成立. 若$y=n+1$，而$x\leqslant n-1$，则$x\wedge(x+1)\wedge y$. 若$y=n+1$而$x=n$，则$x\wedge 1\wedge y$. 因此(3)成立.

综上所述，X的最小元数为7.

45. $|A|\cdot|B|$是$C=\{(a,b)\mid a\in A,b\in B\}$的元数，将$C$的元素$(a,b)$按照差$a-b$分类，因为

$$1-n\leqslant a-b\leqslant n-1$$

共分为$2n-1$类，其中必有一类的个数$\geqslant\dfrac{|A|\cdot|B|}{2n-1}>\dfrac{|A|\cdot|B|}{2n}$.

设这类为$C_q=\{(a,b)\mid a-b=q\}$，q是整数，$1-n\leqslant q\leqslant n-1$.

令$D=\{a+b\mid(a,b)\in C_q\}$，则

$$D\subseteq A+B$$

在(a,b)，(a',b')为C_q中元素时，若

$$a+b=a'+b'$$

则因为$a-b=q=a'-b'$，所以

$$2a+q=2a'+q$$

$$a = a', \quad b = b'.$$

所以在(a,b)为C_q中不同元素时，$a+b$互不相同，从而

$$|D| = |C_q| > \frac{|A| \cdot |B|}{2n}$$

同时对于(a,b)，$(a',b') \in C_q$，有

$$\begin{aligned}(a+b)+(a'+b') &= (a+a-q)+(b'+q+b') \\ &= 2(a+b') \in 2(A+B),\end{aligned}$$

所以

$$D + D \subseteq 2(A+B).$$

46. 不妨设$|A_1| = k$. 如果$A_2, A_3, \cdots, A_n$都会有A_1的元素，那么A_1的k个元素在$A_1, A_2, \cdots, A_n$中至少出现$k+n-1$次，其中至少有一个元素属于$\frac{n+k-1}{n}\left(>\frac{n}{k}\right)$个集合.

如果$A_2, A_3, \cdots, A_n$中不全含有A_1的元素，设$A_2, A_3, \cdots, A_{t+1}$这$t$个集合不含$A_1$的元素，其余的都含$A_1$的元素.

由已知，$A_2 \cup A_1, A_3 \cup A_1, \cdots, A_{t+1} \cup A_1$都是$S$中的集，它们互不相同，而且都含有$A_1$中$k$个(全部)元素，于是在它们中，$A_1$的元素出现的总次数为$tk$.

去掉$A_1, A_2, \cdots, A_{t+1}, A_2 \cup A_1, \cdots, A_{t+1} \cup A$，这$2t+1$个集，$S$中还有$n-2t-1$个集，每个至少会有一个$A_1$的元素，因此，$A_1$的元素在$A_1, A_2, \cdots, A_n$中至少出现

$$\begin{aligned}k + tk + (n-2t-1) &= n+k-1+t(k-2) \\ &\geqslant n+k-1.\end{aligned}$$

因此，至少有一个A_1的元素属于$\frac{n+k-1}{n}$个集.

47. 设x为正整数，作带余除数

$$m = qx + r, \quad \alpha \leqslant \gamma < x.$$

其中q, r都是非负整数.

$\{1,2,\cdots,m\}$可按 mod x的余数写成x行，每行是公差为x的等差数列

$$1, 1+x, 1+2x, \cdots, 1+qx,$$

$$2, 2+x, 2+2x, \cdots, 2+qx,$$

……

$r, r+x, r+2x, \cdots, r+qx$,

$r+1, r+1+x, r+1+2x, \cdots, (r+1)+(q-1)x$,

……

$x, 2x, 3x, \cdots, qx$.

在 q 为奇数时，每行可取$\frac{q+1}{2}$个数，每两个之差不为 x，共取$\frac{q+1}{2}x$个数.

在 q 为偶数时，前 r 行每行可取$\left(\frac{q}{2}+1\right)$个数，每两个之差不为 x，后 r 行每行可取$\frac{q}{2}$个，每两个之差不为 x，共取$\left(\frac{q}{2}x+r\right)$个.

因此，在$\{1,2,\cdots,m\}$中至少可取 N 个数，每两个的差不为 x，这里

$$N=\begin{cases}\frac{q+1}{2}x, & \text{若 } q \text{ 为奇数;}\\ \frac{q}{2}x+r, & \text{若 } q \text{ 为偶数.}\end{cases}$$

换句话说，当取出的数 $n>N$ 时，其中必有两个数的差为 x.

现在设 $0<x<\frac{n}{k-1}$，要证明 $x>N$.

我们有

$$n>(k-1)x, \tag{1}$$

$$(2k-1)n>km. \tag{2}$$

在 q 为奇数时，

$$(2k-1)n>kqx. \tag{3}$$

要证

$$n>\frac{q+1}{2}x. \tag{4}$$

如果 $k-1\geqslant\frac{q+1}{2}$，(4)式显然成立.

如果 $k-1<\frac{q+1}{2}$，那么

$$q+1>2(k-1).$$

因为 q,k 为整数,并且 q 为奇数,所以

$$q \geqslant 2k-1, \tag{5}$$

代入(3)式得

$$(2k-1)n \geqslant k(2k-1)x,$$
$$n \geqslant kx. \tag{6}$$

(3)式+(6)式,得

$$2kn > k(q+1)x,$$

从而(4)式成立.

在 q 为偶数时,要证

$$n > \frac{q}{2}x + r. \tag{7}$$

如果 $k-1 \geqslant \frac{q}{2}+1$,(7)式显然成立.

如果 $k-1 < \frac{q}{2}+1$,那么因为 q 是偶数,

$$q \geqslant 2(k-1), \tag{8}$$

代入

$$(2k-1)n > km \geqslant k(qx+r) \tag{9}$$

中,得

$$(2k-1)n > k(2(k-1)x+r) > k(2k-1)r,$$

所以

$$n > kr. \tag{10}$$

与(9)式相加得

$$2kn > k(qx+2r),$$

所以

$$n > \frac{q}{2}x + r,$$

即(7)式成立.

48. k 的最大值为 $2n-1$.

一方面,$2n-1$ 个子集 $\{1\},\{2\},\cdots,\{n\},\{1,2\},\{1,2,3\},\cdots,\{1,2,3,\cdots,n\}$ 满足要求.

另一方面,在 $n=1,2$ 时,显然 $k \leqslant 2n-1$.

假设结论对小于 n 的数均成立,考虑 n 的情况.

设 $A_1,A_2,\cdots,A_k$ 中去掉 E 后，元素个数最多的集为 A_1，$|A_1|=t$，其余的集或者是 A_1 的子集，或者与 A_1 无公共元素，前者个数（包括 A_1 在内），由归纳假设知，$\leqslant 2t-1$. 后者全是 $\overline{A}_1$ 的子集，根据归纳假设知，个数 $\leqslant 2(n-t)-1$. 所以（加入全集）

$$k\leqslant 1+(2t-1)+2(n-t)-1=2n-1.$$

49. 用 $f(n)$ 表示 $\{1,2,\cdots,n\}$ 中，所有劣集的元素的最大值. 要求 n，使 $f(n)=99$.

显然 $n\geqslant 99$，而且 $f(n)$ 递增，$f(n+1)=f(n)+1$ 或 $f(n)$.

设 $n=2^a+b, 0\leqslant b\leqslant 2^a-1$.

设 $\{1,2,\cdots,2^a-b-1\}$ 的最大劣集为 M. 对于任一 $x\in M$ 及 $y\in\{2^a+1,2^a+2,\cdots,2^a+b\}$，有

$$2^a<x+y<2^{a+1},$$

所以

$$f(2^a+b)\geqslant f(2^a-b-1)+b.$$

同时，在 $\{2^a-b,2^a-b+1,\cdots,2^a,2^a+1,\cdots,2^a+b\}$ 中至多取出 b 个数成劣集，所以

$$f(2^a+b)=f(2^a-b-1)+b,$$
$$f(2^7)=f(2^7-1)=f(2^6+2^6-1)=2^6-1=63,$$
$$f(2^8)=f(2^8-1)=f(2^7+2^7-1)=2^7-1=127.$$

所以 n 在 127 与 255 之间有

$$f(2^7+2^6)=2^6+f(2^6-1)=2^6+2^5-1=95,$$
$$\begin{aligned}f(2^7+2^6+2^3)&=2^6+2^3+f(2^5+23)\\&=72+23+f(8)=95+3=98,\end{aligned}$$
$$\begin{aligned}f(2^7+2^6+2^3+2)&=2^6+2^3+2+f(2^5+21)\\&=74+21+f(10)=97+f(5)=98,\end{aligned}$$
$$\begin{aligned}f(2^7+2^6+2^3+2+1)&=75+f(2^5+20)\\&=95+f(11)=98+f(4)=99,\end{aligned}$$
$$\begin{aligned}f(2^7+2^6+2^3+2^2)&=76+f(2^5+19)\\&=95+f(12)=99+f(3)=100,\end{aligned}$$

即 $f(202)=98, f(203)=99, f(204)=100$，所求 $n=203$.

50. 考虑 $\{68,69,\cdots,202\}$ 这 135 元集中任取 a,b,c，均有

$$a+2b\geqslant 69+2\times 68=205>202\geqslant c.$$

所以 $n\geqslant 136$.

另一方面,从$\{1,2,\cdots,202\}$中任取 136 个数

$$a_1<a_2<\cdots<a_{136}.$$

考虑

$$A=\{a_2-a_1,a_3-a_1,\cdots,a_{136}-a_1\},$$

$$B=\{a_2+a_1,a_3+a_1,\cdots,a_{136}+a_1\}.$$

显然$|A|=|B|=139$,而且 $A\cup B$ 中,所有元素

$$\leqslant a_{136}+a_1\leqslant 202+(202-136+1)=269,$$

而$|A|+|B|=270$,所以

$$A\cap B\neq\varnothing.$$

设 $a_j-a_1=a_i+a_1(2\leqslant i,j\leqslant 136)$,则 $a_j=a_i+2a_1$,所以 n 的最小值为 136.

51. 对$|M|$进行归纳,$|M|=0$,即 $M=\varnothing$时,$|\mathscr{A}|=1\leqslant|M|+1$.

$$M=\{x\},\quad |\mathscr{A}|\leqslant 2\leqslant|M|+1.$$

假设在$|M|<n$ 时,结论成立,考虑$|M|=n$ 的情况.

若 $\mathscr{A}$ 中仅有一个元素$\varnothing$,结论显然成立. 设 $\mathscr{A}$ 中有非空集,设 Z 为元素最小的非空子集.

对 $\mathscr{A}$ 中元素 X,考虑 $X\overline{Z}$,它们都是 $M\overline{Z}$ 的子集,我们证明:如果 X、Y 均为非空,$X,Y\in\mathscr{A}$,并且

$$X\overline{Z}=Y\overline{Z} \tag{1}$$

那么 $X=Y$. 不然的话,不妨设有 $x\in X\overline{Y}$,因为(1)式,$x\in Z$. 又$|Z|$为最小,X,Y 中至少有一个含有一个元素 $a\notin Z$. 由(1)式得 $a\in X\cap Y$,但对 Z,Y,X 这三个集合,$x\in Z\overline{Y}X$,$a\in\overline{Z}YX$ 与 $\mathscr{A}$ 为完美族矛盾.

所以必有 $X=Y$.

从而集族 $\mathscr{B}=\{X\overline{Z}\mid X\in\mathscr{A}\}$的元素满足

$$|\mathscr{A}|\leqslant|\mathscr{B}|+1$$

(如果$\varnothing$不是 $\mathscr{A}$的元素,右边不需要$+1$).

$\mathscr{B}$ 显然是 $M\overline{Z}$ 的完美族.

由归纳假设知,$|\mathscr{B}|\leqslant|M\overline{Z}|+1\leqslant|M|$,$|\mathscr{A}|\leqslant|\mathscr{B}|+1\leqslant|M|+1$.

52. 任取正整数 $a_{n-1}>b_{n-1}>b_{n-2}>\cdots>b_2$,令

$$a_{n-2}=a_{n-1}+b_{n-1},$$

$$a_{n-3}=a_{n-2}+b_{n-2},$$

$$\cdots\cdots$$

$$a_1 = a_2 + b_2.$$

再取 $C>D>a_1$,

$$A = a_3 + b_3 + \cdots + a_{n-1} + b_{n-1} + C + D.$$

则 $A>C>D>a_1>a_2>\cdots>a_{n-i}>b_{n-1}>b_{n-2}>\cdots>b_2$,并且

$$a_1 + A = a_2 + b_2 + a_3 + b_3 + \cdots + a_{n-1} + b_{n-1} + C + D,$$

$$a_2 + b_2 + A = a_1 + a_3 + b_3 + \cdots + a_{n-1} + b_{n-1} + C + D,$$

$$a_3 + b_3 + b_2 + A = a_1 + a_2 + a_4 + b_4 + \cdots + a_{n-1} + b_{n-1} + C + D,$$

$$\cdots\cdots$$

$$a_{n-1} + b_{n-1} + b_{n-2} + b_{n-3} + \cdots + b_2 + A = a_1 + a_2 + \cdots + a_{n-2} + C + D.$$

53. 显然,D_n 的元数不少于 $3+3=6$.

n 不可能在 A 中,如果 $n\in A$,那么,设 A 中最大的三项为 $b<c<n$,则

$$n + b = 2c, \tag{1}$$

但 c 是 n 的真约数,所以

$$n + b \geqslant 2c + b > 2c$$

与(1)式矛盾!

因此 $n\in G$.

首先设 $n=p^\alpha$,p 为素数,这时

$$|D_n| = \alpha + 1$$

而且 D_n 的元素全是 p^i 型(i 为非负整数),但

$$p^i + p^j = 2p^k \quad (i > k > j)$$

不可能成立. 因为 $p^k \mid p^i$,而 $p^k \nmid p^j$,所以 D_n 中不可能有三项成等差数列,这样的 n 不合要求.

其次设 $n=p_1^{\alpha_1}p_2^{\alpha_2}$,$p_1<p_2$ 为素数,α_1,α_2 为正整数,并且$(\alpha_1+1)(\alpha_2+1)\geqslant 6$.

(ⅰ)若$\frac{n}{p_1}\in A$,则$\frac{n}{p_1}$是 A 中最大的项,A 中次大的项大于$\frac{n}{2p_1}\geqslant\frac{n}{p_1^2}$,因而必为$\frac{n}{p_2}$. 设 a 为 A 中仅次于$\frac{n}{p_1}$,$\frac{n}{p_2}$的项,则

$$\frac{n}{p_1} + a = \frac{2n}{p_2}$$

从而$\left.\frac{n}{p_1p_2}\right| a$,$a=\frac{n}{p_1p_2}$.

$$2a=\frac{2n}{p_1p_2}\leqslant\frac{n}{p_2}<\frac{n}{p_2}+1,$$

所以 A 中只能有三项,n 的其他因数均在 G 中.

但 α_1,α_2 中至少有一个大于 1,$\alpha_1\geqslant 2$ 时,$\frac{n}{p_1^2}\in G$,G 中含有等比数列 n,$\frac{n}{p_1^2}$,$\frac{n}{p_1^4}$,但 $\frac{n}{p_1^3}\notin G$,$\frac{n}{p_1^3}\in A$,矛盾. $\alpha_2\geqslant 2$ 时,同样矛盾.

(ⅱ)若 $\frac{n}{p_1}\in G$,则 G 是公比为 p_1 的等比数列. $\frac{n}{p_2}$,$\frac{n}{p_1p_2}$,$\frac{n}{p_1^2p_2}$ 为 A 中三项,但

$$\frac{2n}{p_1p_2}\leqslant\frac{n}{p_2}<\frac{n}{p_2}+1,$$

所以 $\frac{n}{p_2}$,$\frac{n}{p_1p_2}$ 不是 A 中等差数列的连续两项.

如果 $\frac{n}{p_2}>\frac{n}{p_1^i}>\frac{n}{p_1^j}$ $(3<i<j)$ 是等差数列的连续三项,那么

$$\frac{n}{p_2}+\frac{n}{p_1^j}=\frac{2n}{p_1^i},$$

但 $\frac{n}{p_2}$ 与 $\frac{2n}{p_1^i}$ 被 $p_1^{\alpha_1-i}$ 整除,而 $\frac{n}{p_1^j}$ 仅被 $p_1^{\alpha_1-j}$ 整除,矛盾.

如果 $\frac{n}{p_2}>\frac{n}{p_1^2}>\frac{n}{p_1p_2}$ $(3\leqslant i)$ 是等差数列中连续三项,同样,$\frac{n}{p_2}$,$\frac{n}{p_1p_2}$ 被 $p_1^{\alpha_1-1}$ 整除,而 $\frac{2n}{p_1^i}$ 至多被 $p_1^{\alpha_1-i+1}$ 整除,矛盾.

最后,设 $n=p_1^{\alpha_1}p_2^{\alpha_2}\cdots p_k^{\alpha_k}$,$p_1<p_2<\cdots<p_k$ 为不同素数,$k\geqslant 3$,$\alpha_1,\alpha_2,\cdots,\alpha_k$ 为正整数.

(ⅰ)若 $\frac{n}{p_1}\in A$,则 $\frac{n}{p_1}$ 是 A 中最大的项. 同前,A 中次大的项必为 $\frac{n}{p_i}$ $(2\leqslant i\leqslant k)$ 中的一个.

$\frac{n}{p_2}\in A$ 时,同前,A 中仅次于 $\frac{n}{p_1}$,$\frac{n}{p_2}$ 的项 $a=\frac{n}{p_1p_2}$,并且 A 中无第四项. 于是 $\frac{n}{p_2}\in G$,G 成公比为 p_3 的等比数列,但 $\frac{n}{p_1p_3}$ 不在 G 中,也不在 A 中,矛盾.

$\frac{n}{p_2}\in G$时,G成公比为p_2的等比数列,$\frac{n}{p_3}\in A$,成为A中次大的项,A中仅次于$\frac{n}{p_1}$,$\frac{n}{p_3}$的项,$a=\frac{n}{p_1p_3}$,但$\frac{n}{p_1p_2}$不在G中,也不在A中,矛盾.

(ii)若$\frac{n}{p_1}\in G$,则G成公比为p_1的等比数列.同前,A中的$\frac{n}{p_2}$,$\frac{n}{p_1p_2}$不为A中连续两项,并且在它们之间的项不是$\frac{n}{p_1^i}$型,从而$\frac{n}{p_3}$在它们之间.但这时$\frac{n}{p_2}$,$\frac{n}{p_3}$为连续两项,再后一项$a=\frac{n}{p_2p_3}$,与$\frac{n}{p_1p_2}>\frac{n}{p_2p_3}$且$\frac{n}{p_1p_2}\in A$,矛盾.

综上所述,不存在满足要求的正整数n.

54. 可将S换为更一般的$S=\{1,2,\cdots,n\}$,$n\geqslant4$,我们证明S的代表团有$108\times n!$种.

$n=4$时,$S=\{a,b,c,d\}$,一元集$\{a\}$,$\{b\}$,$\{c\}$,$\{d\}$都仅有一个元素,当然也只有一种选代表的方法.四元集S则有4种选代表的方法,设选定a作为S的代表,则

$$S=\{a,b\}\cup\{c\}\cup\{d\},$$

从而$\{a,b\}$必以a为代表.

同理,$\{a,c\}\{a,d\}$也以a为代表.

剩下3个二元集$\{b,c\}$,$\{b,d\}$,$\{c,d\}$,每个选代表有2种可能,共有2^3种可能.

剩下4个三元素$\{a,b,c\}$,$\{a,b,d\}$,$\{a,c,d\}$,$\{b,c,d\}$,每个选代表有3种可能,共有3^4种可能.

于是,S的代表团有

$$4\times3^4\times2^3=108\times4!$$

种.

对于$n\geqslant5$,设S的代表团有S_n种选法,我们证明

$$S_n=nS_{n-1},\tag{1}$$

从而由归纳法得

$$S_n=108\times n!.$$

特别地,$S_{2\,022}=108\times2\,022!$.

现在证明(1)式.

S 的代表有 n 种选择，设选定 S 的代表为 a.

对任一含 a 的元数 $\leqslant n-2$ 的集 $T\subseteq S$，有

$$S = T \cup B \cup C,$$

B,C 为非空集，且 B,C,T 两两的交为空集.

因为 $a\notin B\cup C$，所以 T 以 a 为代表.

对任一含 a 的 $n-1$ 元集 $T\subseteq S$，若 T 的代表为 $b\neq a$，则

$$T = \{a,b\} \cup B \cup C,$$

B,C 为非空集，且 $B,C,\{a,b\}$ 两两的交为空集.

因为 $b\notin B\cup C$，所以 $\{a,b\}$ 的代表为 b，但上面已证明 $\{a,b\}$ 的代表为 a，矛盾. 所以 T 的代表必须为 a.

因此，含 a 的子集的代表均为 a，考虑

$$S_1 = S-\{a\},$$

S_1 的代表团的选法有 S_{n-1} 种，从而

$$S_n = nS_{n-1}.$$

55. σ 中每两个相邻的数组成一个有序对，σ 中共有 99 个有序对，Q 中共出现

$$99\times|Q|$$

个有序对，因为每一有序对在 Q 中至多出现一次，所以这 $99\times|Q|$ 个有序对互不相同.

另一方面，1，2，…，100 中的有序对总数为 100×99，所以

$$99\times|Q|\leqslant 100\times 99,$$

$$|Q|\leqslant 100.$$

下面我们构造一个实例，表明 $|Q|$ 可取得最大值 100.

令 $\sigma_0=1,100,2,99,3,98,\cdots,50,51$.

在 σ_0 中，每相邻二数 a,b 的差 $b-a$，mod 100 互不相同（$100-1=99$，$99-2=97,\cdots,51-50=1,2-100\equiv 2,3-99\equiv 4,\cdots,50-52\equiv 98\pmod{100}$），且均不同余于 0.

再令

$$\sigma_i = 1+i,100+i,2+i,99+i,\cdots,50+i,51+i,\pmod{100}$$
$$(i=0,1,2,\cdots,99),$$

$$Q=\{\sigma_0,\sigma_1,\cdots,\sigma_{99}\}.$$

对任一整数对 (a,b)，$1\leqslant a,b\leqslant 100$，$a\neq b$，在每个 σ_i（$0\leqslant i\leqslant 99$）中，均

有一个且仅有一个数

$$\sigma_i(k)=a(\bmod 100)$$

且对各个 i,k 互不相同,跑遍 1～100,对于 $k<100$ 的 i,

$$\begin{aligned}\sigma_{i(k+1)}&=\sigma_{i(k)}+\sigma_{i(k+1)}-\sigma_{i(k)}\\&=\sigma_{i(k)}+\sigma_{0(k+1)}-\sigma_{0(k)}\\&=a+\sigma_{0(k+1)}-\sigma_{0(k)},\end{aligned}$$

在 σ_0 中,有且仅有一个 k,满足

$$\sigma_{0(k+1)}-\sigma_{0(k)}=b-a.$$

因此,有且仅有一个 i(即满足 $\sigma_{i(k)}=a$ 的 i),满足 $\sigma_{i(k)}=a$ 并且

$$\sigma_{i(k+1)}=a+(b-a)=b.$$

从而 Q 符合要求,且 $|Q|=100$.

56. 我们证明 $n\geqslant4$ 时,n 元集 $S=\{1,2,\cdots,n\}$ 有一满足要求 $X_i\cap X_{i+1}=\varnothing,X_i\cup X_{i+1}\neq S(1\leqslant i\leqslant l)$ 的子集系列 $X_1,X_2,\cdots,X_l,l=2^{n-1}+1$.

首先 $n=4$ 时,$S=\{1,2,3,4\}$ 的子集列 $\{3,4\},\{1\},\{2,3\},\{4\},\{1,2\},\{3\},\{1,4\},\{2\},\{13\}$ 满足要求.

假设对于 $\{1,3,\cdots,n-1\}$,有子集列

$$X_1,X_2,\cdots,X_l\quad(l=2^{n-2}+1)$$

满足要求,则对于 $\{1,2,\cdots,n-1,n\}$,有

$$\begin{gathered}X_1\cup\{n\},X_2,X_3\cup\{n\},X_4,\cdots,X_{2-1},\{n\},\\X_1,X_2\cup\{n\},X_3,X_4\cup\{n\},\cdots,X_{l-1}\cup\{n\},X_l\end{gathered}$$

满足要求,而且系列长为

$$l-1+1+l-1=2^{n-1}+1.$$

在 $n=8$ 时,$2^{n-1}+1=2^7+1=129>100$.

另一方面,我们证明 $|S|\geqslant8$,首先 S 应当有 100 个不同的非空子集,所以

$$2^n-1\geqslant100,\quad n\geqslant7.$$

如果 $n=7$,考虑 S 的元数 $\geqslant4$ 的子集 X,序列中,紧排在 X 前或 X 后的子集至多有 2 个元,因此,至多有 $C_7^2+C_7^1=28$ 种,从而在序列中,元数 $\geqslant4$ 的子集至多有 29 个.

又 3 元子集共有 $C_7^3=35$ 个,因此,所述子集列的长至多

$$35+29+28=92<100$$

不合题意.

因此，$|S|$的最小值为 8.

57. k 的最大值为 $2n-2$.

设 $X=\{1,2,\cdots,n\}$.

一方面，取 $B_i=\{1,2,\cdots,i\}$，$C_i=\{i+1,i+2,\cdots,n\}$，$i=1,2,\cdots,n-1$. 则

$$B_1,B_2,\cdots,B_{n-1},C_1,C_2,\cdots,C_{n-1} \tag{1}$$

不是紧密的(并集为 X).

设(1)的某一系列为紧密的.

若子列中有 B_i，则 $C_j(j\leqslant i)$均不在子列中(否则并集为 X). 设 B_i 是子列中下标最大的B，则 i 仅在B_i 中出现，不在其他集中出现，即 i 仅出现一次. 与紧密定义矛盾.

若 B_i 均不在子列中，设 C_j 为选中的集中下标最小的，则 $j+1$ 仅在 C_j 中出现，仍与紧密定义矛盾.

因此，(1)的任何子列不是紧密的.

$$k\geqslant 2n-2.$$

另一方面，往证 $k\leqslant 2n-2$.

$n=3$ 时，$\{1,2,3\}$的真子集仅$\{1\}$，$\{2\}$，$\{3\}$，$\{1,2\}$，$\{1,3\}$，$\{2,3\}$6 个，要从中选取 5 个，若不选$\{1\}$，则$\{2\}$，$\{3\}$，$\{2,3\}$是紧密的. 若不选$\{1,2\}$，则$\{2\}$，$\{3\}$，$\{2,3\}$是紧密的，所以 $k\leqslant 4$.

假设对 $n-1$ 元集成立，考虑 n 元集 $X=\{1,2,\cdots,n\}$. 设 X 的真子集序列$A_1,A_2,\cdots,A_k$ 满足要求.

不妨设 1 在 $A_1,A_2,\cdots,A_k$ 中出现的次数最少.

设 1 在 $A_1,A_2,\cdots,A_t$ 中出现，不在 $A_{t+1},\cdots,A_k$ 中.

这时 $\bigcup\limits_{t+1\leqslant i\leqslant k}A_i\neq X$，由不紧密的定义，必有一个元素仅在 $A_{t+1},A_{t+2},\cdots,A_k$ 的一个中，不妨设这元素为 n.

因为 1 出现次数 t 为最小，所以 n 至少在 $A_1,A_2,\cdots,A_t$ 的 $t-1$ 中出现，不妨设它在 $A_2,A_3,\cdots,A_t$ 中出现.

将 $A_2,A_3,\cdots,A_t$ 中的 $1,n$ 合成一个元素 $1'$，相应地，记 $A_2,A_3,\cdots,A_t$ 合成后为$A_2',A_3',\cdots,A_t'$，则 $A_2',A_3',\cdots,A_t',A_{t+1},A_{t+2},\cdots,A_{k-1}$是 $n-1$ 元集$\{1,2,\cdots,n-1\}$的真子集列，且合乎题述条件，所以个数

$$k-2\leqslant 2(n-1)-2=2n-4,$$

从而 $k\leqslant 2n-2$.

58. S 的上、下、右边的"边框",即纵坐标为 1 或 n;横坐标为 m 的点全部取出,共

$$2m+n-2$$

个点,它们组成的 A 显然满足要求(其中无 4 点呈 (x_1,y_3)、(x_1,y_2)、(x_2,y_2)、(x_1,y_1) 图形).

另一方面,若 $|A|=2m+n-1$,则 A 中必有 4 点成上述图形.

事实上,将 A 中每一横行不在最右边的点涂上红色,至少有

$$|A|-n$$

个点为红色.

再将 A 中前 $m-1$ 列不在最上,不在最下的点涂上蓝色,至少有

$$|A|-2(m-1)$$

个点为蓝色.

因为

$$\begin{aligned}|A|-n+|A|-2(m-1)&=|A|+(2m+n-1)-n-2(m-1)\\&=|A|+1>|A|,\end{aligned}$$

所以 A 中必有一个点既涂上红色又涂上蓝色,这点的右方有 A 中的点,上、下亦各有 A 中的点,因而出现上述图形.

于是 $|A|$ 的最大值为 $2m+n-2$.

59. 最小的 $m=C_{35}^2=595$.

设 $\{x,y\}$,$\{x',y'\}$ 是 S 的子集,$f\in F$,使得 $f(x)=x'$,$f(y)=y'$,则称 f 将 $\{x,y\}$ 变作 $\{x',y'\}$,记为 $\{x,y\}\xrightarrow{f}\{x',y'\}$,在不强调 f 时,也可记作 $\{x,y\}\rightarrow\{x',y'\}$.

通常 $\{x,y\}$,$\{x',y'\}$ 是二元集,但我们也允许它是一元集,即 $x=y$ 或 $x'=y'$.

已知 F 具有性质 $P(2\,019)$,即对任意 $\{x_1,y_1\}\subseteq S$ 中有

$$\{x_1,y_1\}\rightarrow\{x_2,y_2\}\rightarrow\cdots\rightarrow\{x_{2\,018},y_{2\,018}\}\rightarrow\{a\}.$$

这是一条从 $\{x_1,y_1\}$ 到 $\{a\}$ 的路. 设从 $\{x_1,y_1\}$ 到 $\{a\}$ 的路最短为 m,则 $m\leqslant$

2 019. 若这条路上，有

$$\{x_i,y_i\}\to\{x_{i+1},y_{i+1}\}\to\cdots\to\{x_j,y_j\},$$

而$\{x_j,y_j\}=\{x_i,y_i\}$，则这条路可以缩短，将上面一段，直接记为

$$\{x_i,y_i\}\to\{x_{j+1},y_{j+1}\},$$

所以，若

$$\{x_1,y_1\}\to\{x_2,y_2\}\to\cdots\to\{x_m,y_m\}\to\{a\}$$

为最短，则$\{x_i,y_i\}(1\leqslant i\leqslant m)$互不相同，即

$$595=C_{35}^2\geqslant m.$$

而若正整数 $h<k$，则 F 具有性质 $P(h)$ 时，必具有性质 $P(k)$（经过 h 次变换，已成为一元集，以后即永远为一元集）.

所以，F 具有性质 $P(595)$.

不妨设 $S=\{1,2,\cdots,35\}$. 下面证明 $m=595$ 为最小.

我们令 $F=\{f_1,f_2\}$，其中

$$f_1(x)=\begin{cases}x+1, & 1\leqslant x\leqslant 34;\\ 1, & x=35.\end{cases}$$

即

$$f_1(x)\equiv x+1\pmod{35},$$

$$f_2(x)=\begin{cases}x, & 1\leqslant x\leqslant 34;\\ 1, & x=35.\end{cases}$$

对 S 的子集$\{1,18\}$，我们有

$$\{1,18\}\xrightarrow{f_1}\{2,19\}\xrightarrow{f_1}\cdots\xrightarrow{f_1}\{35,17\}$$

$$\xrightarrow{f_2}\{1,17\}(34\text{ 次 }f_1,1\text{ 次 }f_2).$$

依此类推，

$$\{1,17\}\xrightarrow{f_1}\{2,18\}\xrightarrow{f_1}\cdots\xrightarrow{f_1}\{35,16\}$$

$$\xrightarrow{f_2}\{1,16\}\xrightarrow{f_1}\cdots$$

$$\xrightarrow{f_2}\{1,15\}\xrightarrow{f_1}\cdots$$

$$\xrightarrow{f_2}\cdots$$

$$\xrightarrow{f_2}\{1,2\}\longrightarrow\cdots$$

$$\xrightarrow{f_2}\{1,1\}.$$

共进行了 $35\times17=595$ 次变换，而且在上述过程中 S 的二元子集均恰出现一次，即 S 的每个二元子集经过 $\leqslant595$ 次变换，必变为 $\{1\}$，所以 F 具有性质 $P(595)$，更具有性质 $P(2\,019)$.

最后证明这个 F 不具有性质 $P(594)$.

对于 S 的二元子集 $\{x,y\}$，定义

$$d(x,y)=\min\{|x-y|,35-|x-y|\}$$

为 $\{x,y\}$ 的亲密程度.

$\{1,18\}$ 的亲密程度为

$$\min\{18-1,35-(18-1)\}=17.$$

$\{1,1\}$ 的亲密程度为 0，$\{1,35\}$ 的亲密程度为

$$\min\{35-1,35-(35-1)\}=1.$$

上面将 $\{1,18\}$ 变为 $\{1\}$ 的过程中，亲密程度每经过 17 次变换（16 次 f_1，1 次 f_2），减少 1.

我们证明 $\{1,a\}$ $(18\geqslant a\geqslant2)$ 的亲密程度减少，至少需要 17 次变换（才能减少 1）. 事实上，$\{1,a\}$ 变为 $\{1,b\}$，只有两种办法，一是上面的做法，16 次 f_1，1 次 f_2，另一种

$$\{1,a\}\xrightarrow{f_1}\{2,a+1\}\xrightarrow{f_1}\cdots\xrightarrow{f_1}\{36-a,35\}\xrightarrow{f_2}\{36-a,1\}. \quad (1)$$

这时经过了 $36-a$ 次变换（$35-a$ 次 f_1，1 次 f_2），而亲密程度

$$\min\{35-a,a\}\geqslant a-1,$$

即并未减少（开始时 $\{1,a\}$ 的亲密程度为 $a-1$），如需减少亲密程度，还应继续进行，但

$$\{1,36-a\}\xrightarrow{f_1}\{2,37-a\}\xrightarrow{f_1}\cdots\xrightarrow{f_1}\{a,35\}.$$

若下一步用 f_1 则变成 $\{a+1,1\}$，亲密程度反比原来增加，若下一步用 f_2，则变成 $\{a,1\}$，白白兜了一个圈子，所以 (1) 的做法是无益的，最短的将 $\{1,18\}$ 变为 $\{1\}$ 的就是上面用的 595 次变换. 因此，F 不具有性质 $P(594)$.

$m=595$ 为最小.

60. n 的最大值为 16.

用有序的 7 元数组 $(a_1,a_2,\cdots,a_7)$，称为出勤表，表示各人的工作情况，第 i 天他上班，则 $a_i=1$；否则 $a_i=0$. 例如，$\{1,1,1,1,1,1,1\}$ 表示这人七天都上班. $\{1,0,1,0,0,0,1\}$ 表示这人仅在第一、三、七天上班.

如果两份出勤表恰有一天不同,那么称这两个表为相邻的,每个表有7个相邻的表.

根据题意,任两个出勤表 v_i,v_j 均至少有三天不同,v_i 及其相邻表与 v_j 及其相邻表,至少有 $3-1-1=1$ 天不同.

因此,n 份出勤表与它们的 n 份相邻表,这 n 份表互不相同.

而 7 元数组共有 $2^7=128$ 个,所以

$$8n \leqslant 128,$$

$$n \leqslant 16.$$

另一方面,出勤表

$$\begin{aligned}
V_1 &= (0,0,0,0,0,0,0)\\
V_2 &= (1,1,1,0,0,0,0)\\
V_3 &= (1,0,0,1,1,0,0)\\
V_4 &= (1,0,0,0,0,1,1)\\
V_5 &= (0,1,0,1,0,0,1)\\
V_6 &= (0,1,0,0,1,1,0)\\
V_7 &= (0,0,1,1,0,1,0)\\
V_8 &= (0,0,1,0,1,0,1)\\
V_9 &= (1,1,1,1,1,1,1)\\
V_{10} &= (0,0,0,1,1,1,1)\\
V_{11} &= (0,1,1,0,0,1,1)\\
V_{12} &= (0,1,1,1,1,0,0)\\
V_{13} &= (1,0,1,0,1,1,0)\\
V_{14} &= (1,0,1,1,0,0,1)\\
V_{15} &= (1,1,0,0,1,0,1)\\
V_{16} &= (1,1,0,1,0,1,0)
\end{aligned}$$

合乎题意.